Christine Recht
Max F. Wetterwald

Ernte am Wegrand

Wildkräuter, Früchte und Beeren
mit über 80 Rezepten

4., überarbeitete Auflage

53 Farbfotos
28 Zeichnungen

Ulmer

Inhalt

Vorwort

Man braucht keinen Garten, um frisches Gemüse, Kräuter und Früchte zu ernten. Die Natur ist ein einziger großer Garten, in dem jeder ernten kann, der mit offenen Augen darin spazieren geht. Von jedem Spaziergang können Sie so viel frisches Gemüse, so viele Kräuter und Beeren mit nach Hause nehmen, wie Sie brauchen – vorausgesetzt, Sie wissen, was essbar ist und was gut schmeckt. Viele Pflanzen, die am Wegrand, im Wald, auf Wiesen und an Feldrändern wachsen, gelten als Unkraut und werden oft mit Spritzmitteln ausgerottet oder sogar im eigenen Garten hartnäckig bekämpft. Dabei sind oft gerade diese Pflanzen mit ihrem würzigen Aroma und ihrer hohen Heilkraft viel wertvoller als so manche hochgezüchtete Kulturpflanze.

Dieses Buch will dazu beitragen, dass jeder, der seinen Speiseplan mit Wildpflanzen und Wildfrüchten bereichern möchte, an der Ernte am Wegrand, im Wald und auf der Wiese auch richtig Freude hat. Wir haben bewusst eine Auswahl getroffen und nur Pflanzen beschrieben, die leicht erkennbar sind und wirklich gut schmecken. Natürlich können Sie noch viele andere Pflanzen als Nahrung zubereiten. Bei vielen lohnt es sich jedoch nicht, weil Sie dann für eine einzige Mahlzeit zu viele Pflanzen sammeln müssen oder weil sie nicht besonders gut schmecken. Auch ausgefallene Heilpflanzen, deren Anwendung man lieber dem Arzt überlassen sollte, blieben ausgespart, ebenso Pflanzen, die man leicht mit giftigen Arten verwechseln kann. Geschützte und gefährdete Arten sollen weiter wachsen, selbst wenn sie noch so gut schmecken.

Mit anderen Worten: Beschrieben sind die Pflanzen, die unsere Großeltern noch ganz selbstverständlich in ihrer Küche oder als Heilmittel eingesetzt haben und die man noch heute auf dem Land als wohlschmeckend und heilkräftig kennt. Pflanzen, die überall am Wegrand oder im Garten als ungeliebtes Unkraut wachsen.

Max Wetterwald und die anderen Fotografen haben die Wildpflanzen dort fotografiert, wo man sie findet: in der freien Natur, und so, dass man sie einwandfrei erkennen kann, ohne zusätzlich Bestimmungsbücher zurate ziehen zu müssen. Die Fotos zeigen, dass diese wohlschmeckenden und heilkräftigen Wildpflanzen auch schön sind. Ein weiterer Grund, sie nicht als „Un-Kraut" abzutun.

Christine Recht, Neuried

Ernten: Sammeln, Pflücken, Schneiden

Was ernten

Die Ernte am Wegrand, in Wald und Wiese ist vielfältig und viel reicher als in einem Garten. Für Gemüse und Salate findet man vom zeitigen Frühjahr bis in den Winter hinein grünes Blattwerk, für Gewürze im Hochsommer aromatische Pflanzen und Samen. Spätsommer und Herbst sind die große Zeit der Beeren- und Nussernte. Für heilkräftige Tees aus Blüten und Blättern ist das ganze Jahr über Saison – nach der Blütezeit sammelt man die Blätter, Früchte oder Wurzeln.

Viele Wildpflanzen können Sie sogar zweimal im Jahr ernten. Schon im zeitigen Frühjahr findet man jungen Löwenzahn, Spitzwegerich und Brennnesseln auf Wiesen und an Wegrändern. Wenn im Sommer die Wiesen abgemäht sind und das Heu eingebracht ist, können Sie dieselben Pflanzen fast ebenso jung und zart nochmals ernten. Wer Tee aus Brombeer- und Himbeerblättern mag, pflückt die jungen Blättchen im Frühjahr nach dem Austreiben und während der Reifezeit der Beeren noch einmal den zweiten Trieb.

Viele Pflanzen bieten nicht nur ihre Blätter und Früchte als Nahrung an, sondern auch ihre Blüten. Am bekanntesten sind wohl die Holunderblüten, die für viele feine Gerichten, vor allem Süßspeisen, Verwendung finden. Aber auch die Blüten der Heckenrose und des Löwenzahns, das Gänseblümchen und die Schlüsselblume sind schmackhaft und heilkräftig. Von einigen Pflanzen kann man auch die Wurzel verwenden, etwa vom Löwenzahn, dem Beinwell und von der Wegwarte. Vergessen Sie dabei aber nicht, dass man mit der Wurzel auch die Pflanze ausrottet. Wurzelsammeln ist also eine Frage des Natur- und Artenschutzes. Wenn Sie aus Ihrem Rasen den Löwenzahn entfernen möchten und dabei alle Wurzeln ausgraben, handeln Sie nur vernünftig, wenn Sie daraus ein Gemüse kochen oder aromatischen Kaffee rösten. Anders sieht es aus, wenn Sie in einer Wiese oder am Wegrand alle Wurzeln ausgraben. Dann wächst hier unter Umständen im nächsten Jahr nichts mehr und man muss warten, bis durch den Samenflug von anderen Wiesen wieder neue Pflanzen entstehen. Auch die Wegwarte, die früher an jedem Straßenrand wuchs, wird immer mehr zurückgedrängt. Darum sollten Sie auch hier nicht radikal alle Wurzeln ausgraben, sondern immer noch so viele übrig lassen, dass sich die Pflanze weiter vermehren kann.

Wo ernten

Essbares wächst in der Natur praktisch überall: auf Wiesen, Feldern, an Wegrändern, an Bachläufen und auf Brachland. Aber bitte sammeln Sie diese essbaren

Pflanzen nicht uneingeschränkt und überall. So sollten Sie auf keinen Fall an stark befahrenen Straßen Wildpflanzen ernten, auch wenn es noch so praktisch erscheinen mag, schnell das Auto abzustellen und die Wildpflanzen am Straßenrand zu pflücken. Fürchterliche Bauchschmerzen, wenn nicht Schlimmeres, können die Folge sein, denn diese Pflanzen sind von Autoabgasen buchstäblich vergiftet. Auch um frisch gedüngte Wiesen sollten Sie einen großen Bogen machen. Nicht umsonst schreiben die Hersteller von Düngemitteln

den Landwirten vor, das Gras von gedüngten Wiesen erst nach zwei bis vier Wochen an das Vieh zu verfüttern. Ein Menschenmagen ist aber nicht weniger empfindlich als ein Kuhmagen. Kunstdünger enthalten Kalkstickstoffe, Phosphate und andere Bestandteile, die erst von der Pflanze in nahrhaftes Grün umgewandelt werden müssen – und das braucht seine Zeit. Dass man von Wiesen, die frisch mit Jauche oder Mist gedüngt sind, nichts erntet, ist klar. Schon der Geruch hält davon ab, der Geschmack wäre entsprechend. Viele Feldkulturen, etwa Mais, werden mit Pflanzenschutzmitteln besprüht. Die Feldränder bekommen davon natürlich auch eine Portion ab. Also Hände weg!

Das alles klingt recht deprimierend. Sie werden jetzt sicherlich fragen, wo Sie dann überhaupt sammeln sollen. Darauf bedarf es zunächst einer ganz prinzipiellen Antwort: In der freien Natur kann man sich nicht einfach bedienen wie im Supermarkt. Man muss schon ein bisschen die Augen aufmachen und die Natur und das, was darin geschieht, beobachten lernen. Denn das, was wir heute unter „Natur" verstehen, ist ja im Grunde nichts anderes als eine Kulturlandschaft. Felder und Wiesen werden bestellt und abgeerntet, im Wald ist es nicht viel anders. Bei Spaziergängen schaut man sich also um, beobachtet. Wo hat der Bauer schon im Herbst den Dünger auf die Wiese gebracht? Hier kann man im zeitigen Frühjahr getrost seine Wildkräuter holen. Wo sind Wegränder oder Wiesen besonders hellgrün und fast nur mit Gras bewachsen? Hier wurden Mittel eingesetzt, die „Ungräser" – sprich Kräuter – zu Gunsten des Grases ausrotten. Wo sind braune Flecken im Gras? Dort haben Wiese oder Wegrand möglicherweise Herbizide oder andere chemische Wirkstoffe abbekommen. Auch an Bächen, die mehrmals im Jahr stark verschmutzt sind und langsam fließen, oder an übel riechenden Wasserläufen kann das Sammeln nicht verlocken. Oft bilden sich hier Rückstaus aus anderen verschmutzten Gewässern. Selbst wenn ein solcher Bach einige Wochen im Jahr sauber ist, sollten Sie ihn meiden. Es gibt auch noch saubere Gewässer – man muss sie nur finden.

> **Achtung!**
> Schlehen und Rosensträucher werden oft an Straßenböschungen, etwa an Autobahnbrücken, angepflanzt. Finger weg! Sie wachsen auch an Waldrändern oder in Feldhecken und sind dort einwandfrei.

Wer mit offenen Augen durch die Natur geht, findet genügend Stellen, wo gesunde und saubere Pflanzen wachsen. Wer sich erst einmal auskennt, hat schließlich seine „Stammplätze", wo er jedes Jahr im März den Bärlauch holt, wo die Schlüsselblumen besonders dicht stehen, wo der Löwenzahn sehr zeitig im Jahr wächst und wo der Beinwell besonders stattlich ist.

Sehr bald werden Sie feststellen, dass in Natur-, Landschafts- und Vogelschutzgebieten die schönsten, gesündesten und die meisten Wildpflanzen wachsen. Nur dürfen sie hier nicht überall abgepflückt werden. Die Gesetze zum Schutze der Natur sind von Bundesland zu Bundesland verschieden. Auch was geschützt wird, variiert von Schutzgebiet zu Schutzgebiet. Es empfiehlt sich also dringend, Informationen einzuholen, bevor man in einem solchen Landstrich sammelt – weniger deshalb, weil man sich damit unter Umständen eine saftige Geldstrafe einhandeln kann. Wichtiger ist, dass diese einzigartigen Landschaften geschützt werden, um Artengemeinschaften oder einzelne Arten zu erhalten. So kann beispielsweise in einem solchen Gebiet die Brennnessel geschützt sein, um eine seltene Schmetterlingsart zu erhalten. In den meisten Fällen stehen die für

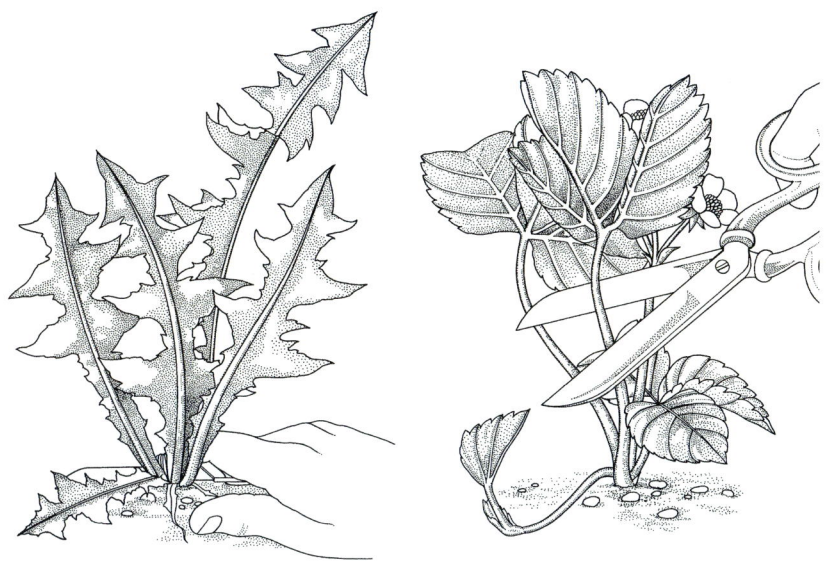

Löwenzahn kann man oft schon im Februar ernten. Die Blattrosette wird mitsamt der Knospe in der Mitte mit einem Messer flach über dem Boden abgeschnitten. Zarte Kräuter soll man nicht abreißen, da dabei häufig die Wurzel mit herausgezogen wird. Man erntet sie mit einer Schere.

ein bestimmtes Gebiet geltenden Bestimmungen auf einem Schild unterhalb des Zeichens für Naturschutzgebiet (Dreieck mit Vogel).

> **Tipp**
> Wenden Sie sich im Zweifelsfall an die zuständige Naturschutzbehörde. Diese können Sie in der Regel beim Landratsamt erfragen.

Wo man in Naturschutzgebieten oder in geschützten Landschaften spazieren gehen darf, trifft man bestimmt einen

Jagdaufseher oder einen Forstmann, der dort nach dem Rechten sieht. Diese Personen können ebenfalls Auskunft geben, ob man ein Körbchen Wildpflanzen oder Früchte sammeln darf.

In Vogelschutzgebieten ist das Abpflücken von Pflanzen meist nicht ausdrücklich verboten. Doch wer hier sammelt, stört vor allem die im Frühjahr brütenden Vögel, und sie müssen uns wichtiger sein als eine Schüssel Salat.

Wildkräuter finden Sie auch im eigenen Garten, ob es nun ein Gemüsegarten oder nur ein kleiner Blumengarten ist. Hier wächst – welcher Gärtner weiß das nicht – Unkraut in Hülle und Fülle. Vorausgesetzt allerdings, Sie haben nicht zur Pflege des makellosen Rasens, zur Säuberung der Plattenwege, zur Bekämpfung der Schnecken, Blattläuse, Ameisen und Wühlmäuse seit Jahren das ganze Angebot an Pflanzenschutzmitteln erprobt. Wer jedoch seinen Garten biologisch bewirtschaftet, wird die Vogelmiere oder den Giersch nicht einfach auf den Kompost werfen, sondern das „Unkraut" zu Gemüse verarbeiten oder unter den Wildkräutersalat mischen. Gänseblümchen und Löwenzahn aus dem Rasen wandern ebenso in die Küche. Brennnesseln werden nicht mit Stumpf und Stiel ausgerottet. Ein großer Busch bleibt stehen, damit man im Frühjahr und im Herbst eine Blutreinigungskur machen und feine Gemüse und Suppen kochen kann. Auch für die Brennnesselbrühe auf die Beete sollte noch etwas übrig bleiben.

Liebhaber des Naturgartens werden sogar versuchen, Wildkräuter im Hausgarten anzusiedeln. In vielen Fällen ist das einfach, denn die Pflanzen kommen ganz von alleine, ausgesamt von umliegenden Wiesen. Man lässt sie einfach an den Beeträndern stehen, geht mit dem Unkraut nicht ganz so rigoros um, wie man das lange Zeit gewöhnt war. Ist es denn unbedingt notwendig, dass alle Gartenwege unkrautfrei sind? Lässt man den Löwenzahn und das Hirtentäschel hier wachsen, bis die Pflanzen groß genug sind, um in der Küche verwendet zu werden, schadet das Salat und Kohl im Garten überhaupt nicht.

Was nicht von alleine wächst, können Sie versuchen anzusiedeln. Es wird nicht immer gelingen, auch wenn Sie Standort, Bodenverhältnisse, Licht und Schatten noch so liebevoll auswählen. Hier muss man eben experimentieren.

> **Tipp**
> Pflanzen Sie anstelle einer langweiligen Thujahecke eine bunte Hecke aus Haselnuss, Holunder, Vogelbeere und Heckenrose. Das bringt eine reiche Ernte, und bald werden Singvögel hier nisten und sich für die natürliche Anpflanzung mit fröhlichem Gesang bedanken.

Waldhimbeeren zum Beispiel gedeihen gut in manchem Garten, auch Johanniskraut oder Sauerampfer gibt es in manchen Gärtnereien als Jungpflanzen zu kaufen. Saatgut von Wildpflanzen wird von speziellen Züchtern angeboten.

Wie ernten

Das Angebot draußen in der Natur ist üppig. So können wir es uns leisten, nur die zartesten Triebe und die würzigsten Teile der Pflanzen mitzunehmen. Trotzdem müssen wir pfleglich mit diesem kostenlosen Garten umgehen. Ernten Sie niemals ganze Bestände ab, nur weil es so bequem ist. Wer einfach einen Korb voller Wildpflanzen ausreißt, um zu Hause dann die feinsten Teile auszusortieren, handelt wie ein Dieb. Denn was er ausgerissen hat, wächst nicht wieder nach. Richtig ist es, die zarten, jungen Blätter abzuzupfen oder mit einem scharfen Messer abzuschneiden. Wenn Sie Blätter von Bäumen und Sträuchern sammeln wollen, nehmen Sie eine starke, scharfe Schere mit. Es tut weh, zu sehen, wie oft ganze Zweige grob vom Strauch gerissen werden, nur um an die jungen Triebe zu kommen.

Mit der Schere schneidet man nur die benötigten Blätter ab, das schadet der Pflanze nicht. Wie schon bei den Pflanzen für Gemüse und Salat gilt auch hier die Regel: Nicht von einem Strauch alle zarten Blätter abschneiden, sondern immer nur wenige von mehreren Sträuchern und Bäumen. Selbstverständlich sind geschützte und gefährdete Pflanzen absolut tabu.

Keine der in diesem Buch vorgestellten Pflanzen ist geschützt, einzig die Schlüsselblume darf nicht mit der Wurzel ausgegraben werden. Doch jeder, der mit offenen Augen durch die Natur geht, wird wohl feststellen, dass durch Überdüngung, durch Trockenlegung von Feuchtgebieten, durch die Zubetonierung der Landschaft mit Straßen und geteerten Wirtschaftswegen gewisse Arten nicht mehr so oft vorkommen wie noch vor 20 Jahren. Jeder kann also selbst Naturschützer sein, indem er Bestände, die langsam verschwinden, schont. Das gilt übrigens nicht nur für das Sammeln von essbaren Wildpflanzen – auch wer gedankenlos große Blumensträuße pflückt, kann seltene Arten vernichten.

Wann ernten

Bei Blattpflanzen für Salat und Gemüse ist es gleichgültig, ob man sie am frühen Morgen, am heißen Mittag oder am Abend erntet. Man kann sie sogar bei Regen und Nebel ernten, sie werden ja schnell verbraucht.

Blüten hingegen, zum Beispiel Löwenzahn, Gänseblümchen, Schlüsselblumen oder Heckenrosen, erntet man gegen Mittag, wenn sie aufgeblüht und ganz trocken sind. Nur so entfalten sie ihr volles Aroma. Holunderblüten müssen ganz aufgeblüht sein, damit man sie verwenden kann. Heckenrosen für Konfitüre schmecken am besten ganz kurz nach dem Aufblühen. Alle Blüten, die kurz vor dem Verwelken sind, lassen Sie besser stehen. Sie schmecken und duften nicht mehr.

Pflanzen, die Sie für Tee trocknen oder fermentieren möchten, ernten Sie in der warmen Mittagszeit – am besten bei

> **Tipp**
>
> Ganz sicher vermeiden Sie Verstöße gegen den Artenschutz, wenn Sie die „Rote Liste" beachten. Das ist ein Verzeichnis aller gefährdeten Pflanzenarten, das für jedes Bundesland gesondert herausgegeben wird. Zu beziehen ist die „Rote Liste der Pflanzen" beim Umweltamt der jeweiligen Landesregierung.

In einem Korb werden Wildkräuter am besten transportiert, in Plastiktüten verderben sie schnell. In Zeitungspapier eingewickelt bleiben sie länger frisch.

voller Sonne. Pfefferminze, Thymian und Dost holt man, wenn die Pflanzen in voller Blüte stehen, denn die Blüten besitzen das beste Aroma. Wer Teepflanzen oder Gewürze zum Trocknen im Regen oder mit Morgentau benetzt sammelt, muss damit rechnen, dass die Blätter fleckig und faulig werden. Das Trocknen dauert dann nämlich viel zu lange.

Waldbeeren ernten Sie natürlich erst, wenn sie reif sind – das muss wohl nicht extra betont werden. Überreife oder mit Maden besetzte Beeren lässt man am Strauch, die Vögel wollen auch noch etwas haben. Beeren, die schon zu reif sind, lassen sich nicht konservieren, bestenfalls zu Saft verarbeiten. Hagebutten und Vogelbeeren holt man erst, wenn sie schon ein bisschen weich sind, selbst wenn es noch so verlockend ist, die roten Früchte schon vorher zu pflücken. Sie haben aber erst bei einer gewissen Überreife das beste Aroma und den höchsten Vitamingehalt. So lassen sie sich auch besser verarbeiten. Es kann sogar schon der erste Frost darüber

gegangen sein. Unbedingt notwendig ist der erste starke Frost bei den Schlehen. Erst dann sind sie genießbar.

Zur Info

Viele Beeren verlocken mit ihrer kräftigen Farbe dazu, sie zu früh zu ernten, wenn sie noch nicht ganz reif sind. Doch üben Sie sich lieber in Geduld. Noch nicht ganz reife Früchte haben kein Aroma und ihr Genuss kann fatale Folgen haben.

Nüsse fallen im Allgemeinen vom Baum oder vom Strauch, wenn sie reif sind, ebenso die Edelkastanien. Man braucht sie nur aufzuklauben. Nur wenn Sie Walnüsse verwenden möchten, die noch in der grünen Schale sind, müssen Sie sie pflücken.

Bei Haselnüssen allerdings müssen Sie auf Draht sein. Eichhörnchen und Vögel sind meistens schneller als wir. Andererseits dürfen Sie die Nüsse nicht zu früh ernten, sonst schwindet der

Kern in der Schale. Hier heißt es also: aufpassen und beobachten. Sobald die Schalen braun werden und sich leicht vom Zweig lösen, schüttelt man die Büsche und klaubt die Nüsse auf. Meistens allerdings waren die Waldtiere schon vorher da.

Von manchen Bäumen verwendet man die Rinde. Diese zieht man im zeitigen Frühjahr ab, später ist es nicht mehr möglich. Um dem Baum oder Strauch nicht zu schaden, schält man immer nur zwei oder drei Zweige, niemals den Stamm. Benötigt man Rinde vom Stamm – etwa zum Färben von Stoffen und Wolle – kann man sie ohne weiteres von gefällten Stämmen abschneiden.

Tannenspitzen – die hellgrünen Triebe der Tannen und Fichten im Frühjahr – geben herrlichen „Honig" und Likör. Aber es sind auch die Anfänge der späteren Zweige. Darum sollten Sie nur an den untersten Ästen der Bäume die Triebe wegnehmen, denn diese Äste werden vom Förster häufig ohnehin

entfernt. Um ganz sicher zu gehen, dass Sie keinen Waldschaden anrichten, fragen Sie beim Forstamt nach. Die Beamten kennen die Waldgebiete, in denen die Bäume später ausgeastet werden.

Von Körben, Kannen und Tüten

Für die Ernte in der Natur nehmen Sie am besten einen Korb mit. Die geernteten Pflanzen werden an Ort und Stelle gesäubert, welke Blätter gleich dort gelassen. Blätter und Blüten schichten Sie dann locker in den Korb. Etwas angefeuchtetes Zeitungspapier hält sie auch über einen längeren Autotransport frisch.

Plastiktüten sind unpraktisch. Die Pflanzen werden darin zu stark gequetscht, sie fangen an zu schwitzen und verderben leicht. Grüne Pflanzenteile und Blüten sollten Sie noch am selben Tag verarbeiten, sonst verlieren sie ihre wertvollen Inhaltsstoffe und ihren Geschmack. Einige wenige halten sich

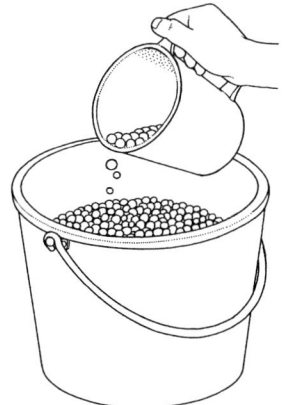

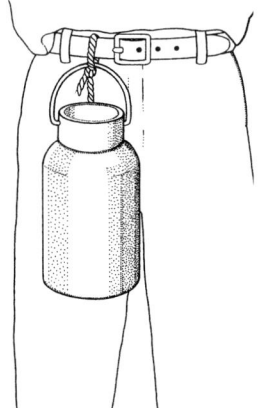

Wer Wildbeeren erntet, muss sich oft kräftig durch die Büsche schlagen. Da hilft es, wenn man eine Milchkanne oder ein anderes Gefäß am Gürtel befestigt und die Beeren dann portionsweise in einen Sammelbehälter füllt.

13

jedoch auch ein paar Tage im Gemüse-fach des Kühlschranks frisch.

Brombeeren, Himbeeren und Heidel-beeren ergeben meist eine reiche Ernte. Es lohnt sich also, mit Kind und Kegel einen Extra-Ernteausflug zu machen. Nehmen Sie ein großes Gefäß mit, am besten einen Plastikeimer, sowie mehre-re kleine Töpfchen. Jeder Pflücker sam-melt in sein kleines Gefäß und entleert dieses in den gemeinsamen Sammelbe-hälter. Das erleichtert die Arbeit, denn man muss sich oft tief in die Büsche hineinarbeiten. Dabei behindert ein großes Gefäß nur. Praktisch sind kleine Milchkannen, deren Henkel man sich mit einer Schnur an den Gürtel bindet.

So haben Sie beide Hände zum Pflücken frei. Heidelbeeren kann man mit einem Heidelbeerkamm ernten, das geht schneller. Beachten Sie aber, dass Sie in manchen Gegenden für diese Art der Ernte eine Genehmigung von der Ge-meinde benötigen.

Nüsse und Maronen können Sie be-denkenlos in Plastiktüten sammeln. Nur sollten es stabile Plastiktüten sein, denn gerade Maronen (Edelkastanien) sind schwer, und schnell kommen mehrere Kilo zusammen. Es ist ein unvergess-liches Erlebnis, mit einigen schweren, aber ständig reißenden Tüten voller Ma-ronen eine halbe Stunde lang durch den Wald zum Auto zu wandern.

Die Ernte frisch zubereitet

Salate und Gemüse

Wohl jede Köchin und jeder Koch machen sich vor dem Einkauf von Gemüse auf dem Markt oder im Laden Gedanken darüber, was sie daraus zubereiten wollen. Bei Wildgemüse ist das nicht anders. Da diese Pflanzen aber sehr vielseitig verwendbar sind, kann man über das Gericht auch dann noch entscheiden, wenn der Korb mit dem frischen Grün schon auf dem Küchentisch steht. Gemüse oder Salat – beides ist möglich, ganz nach Lust und Appetit. Dass man nicht mit einer „Einkaufsliste" in die Natur geht, ist wohl klar. Es sei denn, man hat feste Vorstellungen davon, was an diesem Tag zubereitet werden soll und was man mit Sicherheit an einem bestimmten Platz findet. Meist jedoch trifft man auf Pflanzen oder Beeren, mit denen man gar nicht gerechnet hat. Dann nimmt man natürlich mit, was sich bietet – allerdings nicht wahllos und einfach für den Vorrat. Denn frisch schmeckt das Grünzeug aus der Natur am besten, und wir haben eine Menge Mitesser: Rehe, Hasen und Vögel.

Salate

Grundsätzlich gilt, dass alle Wildpflanzen sehr viel aromatischer, aber auch herber schmecken als Gemüse und Salate aus dem Garten. Also bedarf es einiger Tricks, um die Bitternis zu mildern:

Für Salate – beispielsweise Löwenzahn und Wegerich – legt man die Blätter kurz in lauwarmes Wasser und braust sie danach kalt ab. Wildsalate kann man ruhig schon 30 Minuten vor dem Servieren in die Salatmarinade geben. Das mildert den Geschmack, und die kräftigen Blätter fallen nicht zusammen wie etwa Kopfsalat oder Kresse. Wer mag, verwendet für die Salatsoße Sahne oder Crème fraîche statt Öl. Joghurt dagegen hebt den herben Geschmack noch hervor. Selbstverständlich werden auch Wildpflanzen vor ihrer Verwendung gründlich gewaschen.

Alle Wildpflanzen, die sich zu Salat eignen, kann man mischen. Geben Sie auch einige Blüten dazu. Das sieht appetitlich aus, und die Blüten haben auch ihren eigenen Geschmack. Diese Frühlingssalate sind außerordentlich wohlschmeckend und gesund. Sie kosten nichts in einer Jahreszeit, in der man im Laden Höchstpreise für geschmacksneutralen Treibhaussalat bezahlt.

Die Mischungen allerdings muss jeder selbst ausprobieren, das ist reine Geschmackssache. Verwenden Sie besonders stark vorschmeckende Pflanzen, wie Sauerampfer, Bärlauch oder Schafgarbe, nur sparsam – üppiger dagegen in Kombination mit Gartensalaten. Vogelmiere gibt streng schmeckenden Salaten eine gewisse Milde. Aber es gibt auch Leute, die überglücklich eine ganze Schüssel knoblauchigen Bärlauchsalat oder reinen Löwenzahnsalat mit Zwiebeln und ausgebratenem Speck verzehren können. Jeder nach seinem Geschmack.

Zur Info

Für Salate verwenden Sie die zarten Wildpflanzen frisch am Tag der Ernte. Nur wenige können Sie über Nacht im Gemüsefach aufbewahren.

Gemüse

Wildpflanzen schmecken nicht nur als Salat, sondern auch gekocht in den verschiedensten Zubereitungen ausgezeichnet. Zum Kochen benötigen Sie allerdings mehr Grünzeug als für Salat. Dafür können Sie aber auch etwas größere und ältere Blätter – nur keine uralten, harten – oder gar die ganze Pflanze verwenden. Am einfachsten ist die Zubereitung wie Spinat. Den herben Geschmack mildert man dabei durch die Zugabe von Kartoffeln, Milch oder Sahne.

Kräutersuppen

Sehr gut schmecken auch Suppen aus Wildkräutern. Das Grundrezept ist einfach: Man gibt das fein geschnittene Gemüse in eine leichte Mehlschwitze oder in zerlassene Butter, dünstet es kurz an und gießt mit Fleischbrühe auf. Ein Schuss Sahne zum Schluss verfeinert jedes Wildpflanzensüppchen.

Kräutersoßen

Würzige Soßen aus Wildpflanzen schmecken zu Fleisch, Fisch und Eiern delikat.

Sauerampfersoße zu Rindfleisch, Kräutersoße aus Brunnenkresse oder Bärlauch zu Fisch, Minzsoße zu Hammelfleisch sind geradezu klassische Kombinationen. Ihrer persönlichen Fantasie sind hier keine Grenzen gesetzt.

Kräuter in verschiedenen Gerichten

Knödelfans verarbeiten frische Wildpflanzen zu Kräuterknödeln. Am besten bereitet man sie mit gekochten Kartoffeln zu, da solche Knödel nur kurz garen müssen.

Eine leichte und sehr delikate Mahlzeit sind Kräuteromelettes mit Wildpflanzen, zum Beispiel Brunnenkresse, Brennnessel oder gemischte Kräuter. Man kann Pfannkuchen auch mit Wildgemüse füllen und anschließend mit Käse überbacken. Schwäbische Maultaschen werden im Allgemeinen mit einer Fleisch-Spinat-Füllung zubereitet. Ersetzt man den Spinat durch Wildpflanzen, ergibt das ganz neue Varianten. Einige Wildpflanzen mit kräftigen, aromatischen Blättern, zum Beispiel Beinwellblätter und Brennnesselspitzen, eignen sich auch sehr gut zum Ausbacken in Teig.

Hervorragend schmecken frische Wildpflanzen ganz fein geschnitten in Quark. Im Frühsommer sind die ersten Pellkartoffeln mit Quark mit Wiesenschaumkraut eine Delikatesse. Kräuterquark als Brotaufstrich ist eine gesunde Bereicherung des Abendessens.

Gewürze – frisch verwendet

Viele Wildpflanzen schmecken so aromatisch, dass man sie ausschließlich

*Die Saftausbeute von Wild-
kräutern ist ergiebiger,
wenn man sie zusammen
mit einem Apfel oder eine
Möhre im elektrischen Entsafter auspresst. So erhält
man mehr Saft, und der
Geschmack wird feiner.*

zum Würzen verwendet. Diese Wild-
gewürze schmecken, ebenso wie die
Würzkräuter aus dem Garten, frisch am
allerbesten. So zum Beispiel als Kräuterbutter, die man in verschiedenen Geschmacksrichtungen zubereiten kann:
mit Bärlauch, aber auch mit Sauerampfer oder Waldsauerklee. Waldsauerklee
passt als Würze auch ausgezeichnet zu
allen Gartensalaten, am besten allerdings zu Tomatensalat. Dost, der wilde
Oregano, schmeckt lecker zu allen ita-
lienischen Gerichten sowie zu allen Gerichten aus Tomaten. Der Feldthymian,
auch Quendel genannt, harmoniert perfekt zu Schweinefleisch. Man braucht
allerdings die doppelte Menge wie vom
Gartenthymian. Dafür lässt sich aber
mit Feldthymian viel differenzierter
würzen.

Bärlauch ist mit seinem starken
Knoblauchgeschmack ein feines und besonders gutes Gewürz. Er passt zu allen
Speisen, für die man auch Knoblauch
verwendet. Gundermann wächst überall
auf Wiesen und an Feldrändern. Er eignet sich frisch ausgezeichnet als Beiga-
be zu einer deftigen Kartoffelsuppe.

Getränke aus frischen Kräutern

Wildpflanzen lassen sich gut zu frischen
Säften verarbeiten. Diese Kräutersäfte
schmecken zwar sehr deftig, haben aber
einen hohen Vitamingehalt. Bereits ein
kleines Glas genügt, um den Tagesbe-
darf zu decken. Keiner muss allerdings
seinen täglichen Kräutersaft „hinunter-
würgen", nur weil er gesund ist, dabei
aber leider scheußlich schmeckt. Hier
gilt genau wie bei Salaten und Gemü-
sen: Suchen Sie sich die Mischung aus,
die Ihnen wirklich schmeckt. Das heißt

Saft aus Wildbeeren gewinnt man am einfachsten, indem man zunächst die Beeren in Tiefkühlbeuteln langsam einfriert. Die gefrorenen Beutel hängt man auf und schneidet eine Ecke ab. Durch das Loch läuft der Saft ab, der Rest wird ausgepresst.

natürlich wieder experimentieren. Aber das ist es ja gerade, was an der Wildkräuterküche so viel Spaß macht.

Am besten bleiben alle Vitamine im Kräutersaft erhalten, wenn Sie ihn mit einem elektrischen Entsafter frisch herstellen und sofort trinken. Aus Blättern Saft zu bereiten, ist ein bisschen problematisch. Hier hilft ein kleiner Trick: Pressen Sie mit den Pflanzen Stücke von Mohrrüben oder Äpfeln durch den Entsafter. Die Blätter geben so mehr Saft ab, weil sie besser gepresst werden. Auch wird der Saft dadurch milder und ergiebiger.

Wohlschmeckend und Durst stillend sind Tees aus frischen Blättern. Sie erfrischen ganz besonders an heißen Tagen. Ein anderes Getränk aus frischen Wildpflanzen ist Brennnesseltee, den man im Frühjahr und Herbst als Regenerationskur trinkt (Seite 54).

Tee aus frischer Pfefferminze

Einige frische Minzezweige mit kochendem Wasser aufbrühen und den Tee so lange ziehen lassen, bis er schön hellgrün ist. Den Tee einige Stunden in den Kühlschrank stellen. Den fertigen Durstlöscher brauchen Sie nicht einmal zu süßen. Ähnlichen Tee können Sie auch aus frischen Blättern von Himbeere, Brombeere und Walderdbeere zubereiten. Allerdings brauchen diese Tees etwas Zucker oder, noch besser, Honig.

Beeren frisch aus dem Wald

Waldbeeren schmecken frisch besonders gut. Aus Heidelbeeren, Brombeeren und Himbeeren kann man die herrlichsten Torten backen. Mit Quark und Schlagsahne gemischt, zaubert man leckere Nachspeisen. Frische Heidelbeeren, nur mit etwas Zucker und Sahne oder Milch angerichtet, sind eine Delikatesse. Auch auf Speiseeis schmecken frische Waldbeeren. Walderdbeeren sind viel zu schade, um sie zu kochen. Selbst in der „großen Küche" werden sie immer nur frisch serviert. Wenn man bedenkt, dass man zum Sammeln von 500 g Erdbeeren im Wald etwa vier Stunden braucht, ist das auch verständlich. Sehr fein ist frischer Saft aus Waldbeeren – dafür eignen sich eigentlich alle Arten. Wenn Sie einen guten Platz gefunden haben, an dem sich das Pflücken wirklich lohnt, sollten Sie sich frischen Waldbeerensaft leisten. Allerdings müssen die Beeren dafür sehr reif sein.

Einfacher ist eine ganz andere Methode der Saftbereitung: Man gibt die reifen Früchte in Tiefkühlbeutel und friert

Für Löwenzahnhonig werden zwei große Hand voll Löwenzahnblüten in Wasser gekocht. Diesen Sud gießt man zu dem in einer flachen Pfanne angerösteten Zucker. Sobald Zucker und Löwenzahnsud sirupartig eingekocht sind, ist der Löwenzahnhonig fertig.

sie langsam – also nicht wie üblich mit der Schockmethode – ein. Später nimmt man den Beutel heraus, schneidet eine Ecke ab und hängt ihn über einen Krug. Während des Auftauens läuft dann der Saft ab.

Saft aus frischen Waldbeeren
Die (möglichst ungewaschenen) Beeren mit einem Holzlöffel durch ein Sieb streichen. Pro Liter Saft 200 g Zucker zugeben und so lange rühren, bis sich der Zucker gelöst hat. Dieser Saft hält sich im Kühlschrank etwa eine Woche, er kann auch eingefroren werden. Allerdings sollten Sie den Kühlschrank jetzt abschließen, sonst haben die Leckermäuler der Familie in wenigen Tagen alles ausgetrunken.

Frische Blüten in der Küche

Wilde Blumen und Blüten sind nicht nur als Zimmerschmuck attraktiv. Sie können auch sehr feine Gerichte damit zubereiten. Gänseblümchen und Schlüsselblumen beispielsweise mischt man unter Wildkräutersalate. Aus gerade aufgeblühten Heckenrosen rührt man eine sehr aparte orientalische Konfitüre. Besonders vielfältig lassen sich die Blütendolden des schwarzen Holunders verwenden: Sie werden, in Pfannkuchenteig getaucht, in schwimmendem Fett ausgebacken oder zu Holunderzucker und Holundersekt verarbeitet. Auch aus Rosen-, Akazien- und Lindenblüten können Sie erfrischende Limonaden zubereiten.

Viele Blüten kann man zur Verwendung als Konfekt oder Garnierung kandieren. Dafür werden die Blüten erst in eine Glasur aus Zucker, Wasser und Essig und dann sofort in Eiswasser getaucht. Die Platte, auf die man die glasierten Blüten legt, muss gekühlt sein.

Gesund und wohlschmeckend ist „Honig" aus Löwenzahn- und Huflattichblüten. Löffelweise eingenommen hilft er bei Erkältungskrankheiten. Aufs Frühstücksbrot gestrichen lieben ihn nicht nur Kinder.

Blüten können auch glasiert oder kandiert werden, das ist allerdings eine sehr diffizile Arbeit.

Selbstverständlich müssen alle Blüten ganz frisch verwendet werden, denn verwelkte Blüten sind unappetitlich. Es hat auch keinen Sinn, die Blumen zum Frischhalten in eine Vase zu stellen, um sie dann später zu verwenden. Sie verlieren schnell ihr Aroma, auch wenn sie noch so hübsch aussehen. Vor dem Zubereiten sollte man die Blüten waschen – allerdings nur sehr vorsichtig, damit sie nicht zusammenfallen. Am besten legt man sie in ein Sieb und hält ein Messer mit der Breitseite unter den Wasserstrahl. So werden sie nur fein besprüht und dennoch abgespült.

Glasierte Blüten

Aus 500 g Zucker, 500 ml Wasser und etwas Essig eine Glasur herstellen. Die Blüten zuerst in die heiße Glasur tauchen. Danach sofort in Eiswasser tauchen und auf eine gekühlte Platte legen. Diese glasierten Blüten sehen als Garnitur von Süßspeisen und Torten sehr apart aus. Sie schmecken auch als Konfekt.

Die Ernte als Vorrat konserviert und verwertet

Unsere Vorfahren waren oft vollständig auf die Ernte aus der Natur angewiesen, um einen langen, kalten Winter zu überstehen. Auch heute ist es sinnvoll, Vorräte anzulegen. Im Winter sind frische Beeren und Früchte teuer, und selbst Eingemachtes schmeckt einfach besser als gekaufte Konserven. Darum wird man heute wie früher einen Teil der Ernte konservieren. Die Methoden sind heute einfacher, denn wir haben Hilfsmittel, die unsere Großmütter noch nicht kannten.

Zur späteren Verwendung können Sie die Ernte aus der Natur auf vielerlei Art haltbar machen: Sie können sie einfrieren, Marmelade und Gelee kochen, Säfte sterilisieren und Mus herstellen, das später zu Speisen und Säften weiterverarbeitet wird. Die Herstellung von Wein und Likör hat eine lange Tradition, ebenso wie das Dörren oder Trocknen. Kräuter und Gewürze bewahren ihr Aroma in Essig und Öl.

Einfrieren

Das Einfrieren ist die schonendste und auch die bequemste Art der Konservierung. Doch Wildgemüse einzufrieren, lohnt sich nur in wenigen Fällen. Frisch zubereitet sind die Pflanzen aromatischer. Also sollte man sie dann verwenden, wenn man sie frisch ernten kann. Das trifft jedoch nicht auf fertig zubereitete Gerichte wie Suppen, Maultaschen oder Wildspinat zu. Es kommt ja vor, dass man mehr kocht, als die Familie essen kann – dann wird der Rest einfach eingefroren.

Einige Wildkräuter eignen sich gut zum Einfrieren, so zum Beispiel Sauerampfer oder die zarten Blättchen von Schafgarbe, Dost und Thymian. Man schneidet diese zur Verwendung als Gewürze sehr fein und füllt sie locker in einen Gefrierbeutel oder in kleine Gefrierdosen.

Lohnend ist das Einfrieren von Waldbeeren. Besonders Heidelbeeren schmecken aufgetaut wie frisch gepflückt. Man friert sie am besten ungezuckert ein. Alle anderen Beeren bewahren ihr Aroma besser, wenn man sie vor dem Einfrieren zuckert. Da ungezuckert tiefgefrorene Beeren beim Auftauen allerdings fester bleiben, kann man variieren: Beeren für Torten werden ungezuckert eingefroren und erst nach dem Auftauen (oder Backen) gesüßt. Beeren für Süßspeisen werden gezuckert eingefroren. Manche Hausfrauen werden es nicht gerne hören, aber Waldbeeren sollte man vor dem Einfrieren nicht waschen. Sie sind – anders als die meisten Gartenbeeren – sehr druckempfindlich und verlieren beim Waschen einen Teil ihres Saftes und damit auch ihres Aromas. Sammeln Sie Beeren also nur an solchen Plätzen, wo sie möglichst wenig verschmutzt sind.

Tipp
Wer gerne Torten bäckt, friert einen
Teil der Beeren einzeln ein. Legen Sie
die Beeren dafür so auf ein Kuchen-
blech, dass sie sich nicht berühren
und frieren Sie sie schnell ein. Die
tiefgekühlten Beeren füllen Sie dann
in Beutel.

Aufgetaute Waldbeeren werden wie frische verwendet: für Kuchen, Süßspeisen
und Kompotte. Wer keinen Platz für
eine Galerie Marmeladegläser hat, kocht
Marmelade aus tiefgefrorenen Beeren.
Sie schmeckt frisch gekocht besonders
gut. Frischen Beerensaft friert man nur
in Tagesportionen ein, da er aufgetaut
schnell verdirbt.

Beerenmark

Aus zerdrückten oder überreifen Beeren
können Sie Beerenmark herstellen. Dafür legen Sie die Früchte in lauwarmes
Wasser. Nach kurzer Zeit schwimmen
alle „Bewohner" der Beeren oben und
können abgeschöpft werden. Das
„Waschwasser" wird abgesiebt, danach
streichen Sie die Beeren durch ein Sieb,
vermischen das Mark mit etwas Zucker
und frieren es in kleinen Dosen ein. Es
ist im Winter die Grundlage für viele
süße Gerichte.

Saft aus Waldbeeren

Aus allen Waldbeeren können Sie wohlschmeckende Säfte zubereiten, die Sie
im Winter mit Vitaminen versorgen. Am
einfachsten ist die Saftbereitung mit
dem Dampfentsafter. Dabei werden die

Beeren mit wenig Zucker – 50 bis 100 g
Zucker auf 1 kg Beeren je nach Süße der
Früchte – durch Wasserdampf entsaftet.
Nach 30 Minuten Erhitzen bei 85 °C lässt
man den Saft direkt in saubere, heiße
Flaschen laufen, verschließt sie mit ste-
rilisierten Gummikappen und stellt sie
in den kühlen, dunklen Keller. Die Saft-
flaschen müssen heiß sein, damit beim
Einfüllen des heißen Saftes der Boden
nicht abplatzt.

Aufwändiger, aber schonender ist das
kalte Entsaften. Dabei werden die zer-
quetschten Früchte mit Zucker bestreut
und zugedeckt etwa 24 Stunden stehen
gelassen. In dieser Zeit ziehen sie reichlich Saft. Durch ein Leinen- oder Mulltuch lässt man dann den Saft in eine
Schüssel ablaufen. Dabei hilft ein alter
Hausfrauentrick, den schon unsere
Großmütter kannten: Man spannt das
Filtertuch zwischen die vier Beine eines
umgedrehten Stuhles und lässt den Saft
durchlaufen. Nebenher können Sie anderen Tätigkeiten nachgehen, denn das

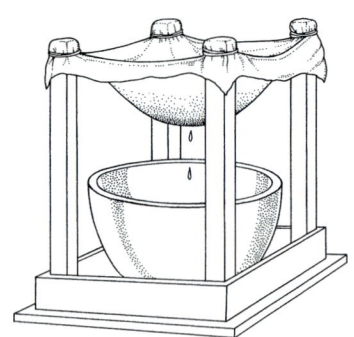

*Saft nach Großmutters Art: An die vier Beine
eines umgedrehten Stuhles bindet man eine
Mullwindel, durch die man den Beerensaft
ablaufen lässt. Das dauert allerdings einige
Stunden.*

Ablaufen dauert seine Zeit. Zur Aufbewahrung muss der rohe Saft sterilisiert werden. Dafür füllt man ihn in sauber ausgekochte Flaschen, verschließt diese mit einer Gummikappe und erhitzt sie in einem Einmachkessel 20 Minuten bei 85 °C. Zucker ist zur Haltbarmachung nicht notwendig, verbessert aber den Geschmack. Harte Beeren wie Hagebutten, Schlehen und Vogelbeeren werden vor dem Filtern in etwas Wasser weich gedünstet.

Natürlich können Sie Saft auch mit einem elektrischen Entsafter gewinnen. Dabei gibt es die wenigsten Rückstände.

Sirup

Eine sehr alte Methode, das herrliche Aroma der Waldbeeren zu konservieren, ist die Zubereitung von Sirup. Da Sirup aus reifen, weichen Beeren kalt hergestellt wird, bewahrt er Geschmack und Vitamine besonders gut. Mit Mineralwasser verdünnt, ist Sirup ein erfrischendes Getränk. Er schmeckt aber auch unverdünnt über Eis und anderen Süßspeisen und bildet die Grundlage für süße Soßen und Suppen.

Um Sirup herzustellen, werden die reifen Früchte in einer Schüssel mit einem Holzlöffel zerdrückt. Die Schüssel wird dann mit einem sauberen Tuch bedeckt und ein bis zwei Tage in einen kühlen Raum gestellt, bis die Früchte reichlich Saft ziehen. Je nach Witterung und Reifegrad der Früchte kann das auch drei bis fünf Tage dauern. In dieser Zeit beginnt der Saft unter Umständen zu gären. Das schadet aber nichts, es ist sogar erwünscht. Hat sich genügend Saft gebildet, wird der Fruchtbrei nun in einen Saftbeutel oder ein Mulltuch gefüllt, das man nach der bewährten Methode an die vier Beine eines umgedrehten Stuhles bindet. Am besten lässt man den Saft über Nacht ablaufen, denn er läuft sehr langsam in Tropfen ab. Ist aller Saft abgelaufen, drückt man das Tuch gut aus, um auch die letzten Reste Flüssigkeit noch herauszupressen. Auf 500 ml Saft gibt man nun 300 g Zucker und rührt diesen so lange unter, bis er sich vollständig aufgelöst hat. Das kann bis zu 1 Stunde dauern. Der Auflösungsprozess lässt sich beschleunigen, indem man den Saft leicht erwärmt. Nachdem der Zucker ganz aufgelöst ist, ist ein dicklicher Sirup entstanden, den man in kleine Flaschen füllt. Gut eignen sich dafür Soßenflaschen mit Schraubverschluss. Der Sirup hält sich so im kühlen Keller zwei bis drei Monate. Will man ihn länger aufbewahren, müssen die befüllten Flasche im Sterilisierapparat 30 Minuten bei 70 °C sterilisiert werden. Die Erhitzung darf nicht länger dauern, sonst wird der Sirup völlig geschmackslos.

Sirup lässt sich auch gut im Wasserbad zubereiten, wie es schon unsere Urgroßmütter machten. Dabei zerdrückt man die Beeren in einem Porzellantopf und vermischt sie mit derselben Menge Zucker. Der Topf wird in eine mit Wasser gefüllte, breite und tiefe Pfanne gestellt. Das Wasserbad lässt man bei geringer Hitze 2 Stunden köcheln. Dann filtert man den Saft durch ein Tuch ab und füllt ihn in erwärmte Flaschen. Sie werden erst verkorkt, wenn der Sirup abgekühlt ist. Die im Tuch verbleibenden Rückstände sind übrigens eine ausgezeichnete Marmelade für den sofortigen Verbrauch.

Tipp

Sirup aus Hagebutten ist sehr heilsam und besonders bei Kindern beliebt. Er muss heiß zubereitet werden, denn Hagebutten weichen nicht von alleine auf.

Für Hagebuttensirup waschen Sie die Früchte gründlich und entfernen Blüten und Stiele. Dann halbieren Sie die Hagebutten, die Kerne bleiben darin. Jetzt kochen Sie 2 kg Hagebutten in 500 ml Wasser langsam weich. Dabei rühren Sie mehrmals kräftig um. Den entstandenen Saft filtern Sie durch ein Mulltuch ab und kochen ihn anschließend nochmals kurz mit 500 g Zucker auf. Der fertige Hagebuttensirup wird heiß in Flaschen gefüllt und sofort verschlossen.

Marmelade und Gelee

Aus rohem Beerensaft können Sie Gelee kochen. Mit gezuckertem Saft aus dem Dampfentsafter gelingt dies nicht immer, denn dieser Saft ist manchmal zu stark verwässert, und die Zuckermenge lässt sich dann nicht exakt bestimmen. Überreife Beeren eignen sich nicht für Gelee, denn das für das Gelieren zuständige Pektin ist bei diesen Beeren schon abgebaut. Mehr Saft gewinnen Sie, wenn Sie die Beeren kurz mit etwas Wasser aufkochen und durch ein Tuch laufen lassen. Dann muss aber auch mehr Zucker verwendet werden. Gelee aus reinem rohen Fruchtsaft schmeckt jedoch viel aromatischer. Kochen Sie also lieber ein paar Gläser weniger, dafür aber wirklich delikates Gelee. Für Gelee

wird der Beerensaft wird mit derselben Menge Zucker etwa 15 Minuten gekocht. Dann macht man die Gelierprobe: Dazu lässt man einen Tropfen Gelee auf einen kalten Porzellanteller tropfen. Wird er fest, ist das Gelee fertig. Bleibt er flüssig, lässt man die Mischung noch ein Weilchen weiterkochen, bis die Gelierprobe gelingt.

Tipp

Die meisten Wildbeeren gelieren schlecht, da sie zu wenig Pektin enthalten. Sie können sich mit einem der im Handel befindlichen Geliermittel behelfen oder den Saft von zwei bis drei grünen Äpfeln zum Beerensaft geben. Für Brombeergelee fügen Sie dem Saft eine Hand voll roter, also noch nicht voll ausgereifter Brombeeren zu.

Die Zubereitung von Marmelade ist einfacher als die von Gelee, doch auch Marmelade muss gelieren. Damit die Inhalts- und Aromastoffe nicht verloren gehen, werden die Beeren so kurz wie möglich gekocht. Mit Gelierzucker (2:1 oder 3:1, das heißt auf 1 kg Beeren 500 g oder 350 g Gelierzucker) ist die Marmeladenherstellung einfach und schonend. Zudem wird die Fruchtmasse nicht so süß wie bei der herkömmlichen Zubereitung mit 1 kg Zucker auf 1 kg Früchte, und das Aroma kommt besser zur Geltung. Die Früchte werden leicht zerdrückt und mit Zucker unter Rühren aufgekocht. Dann lässt man die Masse nach Vorschrift etwa 3 Minuten lang kochen und füllt sie in vorgewärmte Gläser. Ideal dafür sind so genannte

Twist-off-Gläser, die man nach dem Verschließen einige Minuten auf den Deckel stellt. So bleibt die Marmelade mit Sicherheit luftdicht verschlossen. Um das Eigenaroma säuerlicher Früchte und Beeren wie Heidelbeeren und Brombeeren hervorzuheben, können Sie etwas Zitronensaft oder kristallisierte Zitronensäure zugeben.

Sie können auch verschiedene Beerensorten zu Mehrfruchtmarmeladen komponieren. Wagen Sie hier ruhig Experimente – kleine Portionen werden meist aufgegessen, auch wenn sie ungewöhnlich schmecken. Zu Beeren passen auch Äpfel oder Birnen gut. Sehr fein schmeckt Brombeermarmelade, unter die klein gehackte Walnüsse gemischt werden. Schlehen, Hagebutten und Ebereschenbeeren verarbeitet man, wie schon erwähnt, erst zu Marmelade und Gelee, wenn sie einen kräftigen Frost abbekommen haben. Aus Hagebutten haben schon unsere Großmütter ein wohlschmeckendes und heilkräftiges Mus hergestellt (Seite 64 und 66).

Likör aus Beeren und Kräutern

Aus den aromatischen Wildbeeren – aber auch aus anderen Wildpflanzen – kann man köstliche Liköre herstellen. Sie müssen diesen Fruchtlikören allerdings Zeit zum Reifen lassen – vor Weihnachten lohnt es sich gar nicht, die erste Flasche anzubrechen.

Aber wenn dann die Winterstürme ums Haus brausen und Sie am Abend ein Gläschen Ihres fruchtigen Wildbeerenlikörs kredenzen, kommt die ganze Süße des Sommers in Gedanken zurück, und das Warten hat sich gelohnt. Je älter nämlich ein Likör wird, desto besser schmeckt er. Am einfachsten ist es, Likör aus einer einzigen Fruchtsorte zu bereiten, also Brombeerlikör, Schlehenlikör, Hagebuttenlikör, Himbeer- oder Ebereschenlikör. Interessanter wird der Geschmack, wenn man verschiedene Früchte mischt. Allerdings geht der Eigengeschmack der einzelnen Sorten dann verloren. Zutaten wie Zitrone, Zimt und Gewürznelken können das Aroma verändern, verfeinern oder hervorheben. Hier sind Ihrer schöpferischeren Fantasie keine Grenzen gesetzt. Irgendwann findet jeder Likörfan seine ganz spezielle „Hausmarke" heraus und wird das Rezept eifersüchtig geheim halten. So lächerlich es auch klingen mag, erkundigt man sich beim Gastgeber, der einen besonders wohlschmeckenden hausgemachten Likör anbietet, nach dem Rezept, so wird er sich entweder herausreden oder vielleicht ein Rezept nennen. Der Likör nach diesem Rezept wird aber nicht annähernd so schmecken wie das bewunderte und gelobte Vorbild.

Liköre aus Wildkräutern sind ein besonders weites Feld zum Experimentieren. Einfach ist noch die Herstellung von Pfefferminzlikör (Seite 87). Wollen Sie Kräuterliköre aber mit gemischten Kräutern – etwa mit Brunnenkresse, Oregano, Thymian, Schafgarbe – zubereiten, müssen Sie mit kleinen Mengen testen, was Ihrem Geschmack am besten entspricht. Sie können Kräuterliköre süß machen oder herb wie Magenbitter.

Es gibt zwei Arten, Likör herzustellen: mit Weingeist oder mit Branntwein. Weiche Früchte wie Himbeeren, Brombeeren und Holunder entfalten ihr Aroma im Alkohol problemlos, wenn man sie einfach zerstampft. Bei „hartleibigeren" Zutaten wie Hagebutten oder Nüssen hilft man etwas nach und übergießt die klein geschnittenen Früchte oder Nüsse mit heißer Zuckerlösung, bevor man sie mit dem Alkohol vermischt.

Für Kräuterliköre zerhackt man die gut gewaschenen Blätter und Stiele der Wildpflanzen grob, bevor man sie mit Weingeist oder mit Branntwein ansetzt.

Ansonsten werden sie genau wie die Beerenliköre zubereitet. Zu Pfefferminzlikör gehört unbedingt die Schale einer ungespritzten Zitrone. Ein ungewöhnliches Getränk ist Buchenblätterlikör. Dafür setzt man ganz junge, grüne Buchenblätter – sie müssen allerdings schon voll entfaltet sein – mit Gin an. Der „Waldlikör" wird herrlich grün und schmeckt tatsächlich nach Wald.

Für selbst gemachten Likör aus Kräutern oder Beeren werden die mit Zucker und Alkohol gemischten Zutaten sechs Wochen an einen warmen Ort gestellt. Dann gießt man sie durch einen Kaffeefilter ab und füllt den Likör in dekorative Flaschen. Erst acht Wochen später kann man ihn kosten.

Likörbereitung mit Weingeist

500 g Früchte zerdrücken und mit 1 Liter reinem Weingeist (96 Prozent, aus der Apotheke) mischen. Da Apotheken nur geringe Mengen Alkohol abgeben dürfen, bedarf es gewisser Eichhörnchenfähigkeiten, um 1 Liter für die häusliche Likörbereitung zu sammeln. Diese Mischung in weithalsige Flaschen füllen, verschließen und vier Wochen an einem warmen Platz durchziehen lassen. Die Mischung danach durch ein feines Leintuch, eine doppelt gefaltete Mullwindel oder einen großen Kaffeefilter abgießen – das dauert einige Zeit. Die verbleibenden Rückstände gründlich ausdrücken. Aus 1 Liter Wasser und 300 bis 500 g Zucker, je nach Süße der Früchte, sowie eventuell würzenden Zutaten, eine Zuckerlösung kochen und abkühlen lassen. Den aromatisierten Alkohol mit dem Zuckersud vermischen und den Likör in Flaschen füllen. Anschließend an einem kühlen, dunklen Ort mindestens zwei Monate, lieber aber viel länger, reifen lassen. Unsere Großeltern gingen davon aus, dass der Likör, den man im Spätsommer aus reifen Früchten ansetzte, an Weihnachten das erste Mal gekostet werden konnte.

Likörbereitung mit Branntwein

Sie ist einfacher und auch billiger. Die zerdrückten Früchte mit der entsprechenden Menge Zucker (nach Süße der Früchte und eigenem Geschmack) in Branntwein (38 bis 50 Prozent) ansetzen. Dabei beeinflussen die unterschiedlichen Aromen der Brände den Geschmack des Likörs. Verwendet man klaren Korn, kommt das Aroma ohne Veränderung zur Geltung. Mit Gin, Rum oder Weinbrand kann man sehr pikante Variationen erzielen. Diese Mischung in den geschlossenen Flaschen vier Wochen an einem warmen Ort durchziehen lassen. Dann abfiltern, in saubere Flaschen füllen und ebenfalls zwei bis vier Monate bis zur ersten Kostprobe im Keller lagern.

Wein aus Waldbeeren

Für unsere Großmütter und Urgroßmütter – ob auf dem Lande oder in der Stadt – war es selbstverständlich, aus Beeren und Früchten eigenen Wein zu keltern. Die Rezepte wurden oft über Generationen in einer Familie weitergegeben und gehütet wie ein Schatz. Es war der Stolz jeder Hausfrau, vor oder nach einem festlichen Essen ein Glas hausgemachten Wein zu kredenzen – und natürlich sollte er besser sein als der der Nachbarin. Nun darf man natürlich einen selbst gekelterten Beerenwein nicht mit Wein aus Trauben oder Äpfeln vergleichen. Beerenweine sind echte Dessertweine, also ziemlich süß. In größeren Mengen genossen, haben sie einen handfesten Kater zur Folge. Ein oder zwei Gläschen aber sind eine wahre Köstlichkeit!

> **Zur Info**
>
> Wein können Sie aus Heidelbeeren, Brombeeren, schwarzem Holunder, Himbeeren, Erdbeeren, Hagebutten und Schlehen herstellen.
> Dabei dürfen Sie durchaus auch überreife, zerdrückte Früchte verwenden, nur faul oder gar schimmlig sollten sie auf keinen Fall sein.

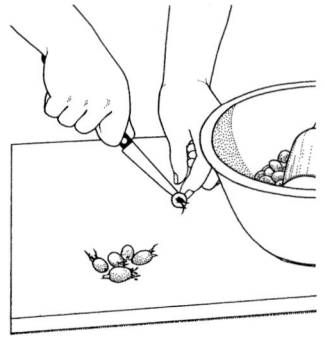

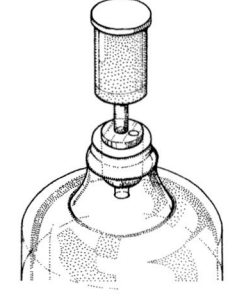

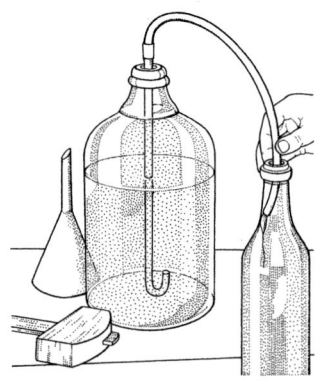

Hagebutten müssen zerschnitten und entkernt werden, bevor man sie zu Hagebuttenwein verarbeiten kann. Man übergießt sie mit in warmem Wasser geklärtem Zucker und lässt die Maische zehn Tage in einem zugebundenen Eimer stehen.

Dann wird der Rohwein durch ein Mulltuch in eine Ballonflasche gegossen, die man mit einem Gäraufsatz verschließt. Nach Abschluss der Gärung in der Ballonflasche zieht man den Hagebuttenwein auf Flaschen und lässt ihn mindestens noch drei Monate stehen.

Zur Weinzubereitung benötigen Sie eine große Ballonflasche mit 10 bis 50 Litern Inhalt, je nachdem wie viele Früchte zur Verfügung stehen. Zudem brauchen Sie einen Gäraufsatz, einen 1 Meter langen Plastikschlauch und ein Gerät zum Verkorken. Das alles erhalten Sie in der Drogerie. Die übrigen Geräte – Eimer, Schüsseln und Stampfer – haben Sie sowieso in Ihrem Haushalt. Außerdem benötigen Sie Reinzuchthefe, die es in verschiedenen Geschmacksrichtungen gibt, Weinsteinsäure oder Zitronensäure (für Früchte mit wenig Eigensäure) und ein Hefenährsalz. Auch diese Zutaten bekommen Sie in der Drogerie.

Das Grundrezept zur Weinherstellung ist für alle Beerenfrüchte ungefähr gleich. Jeder „Beerenwinzer" wird mit der Zeit sicher seine ganz speziellen Mischungen, Gewürzzutaten und Süßigkeiten heraustüfteln.

Zuerst werden weiche Beeren roh zu Saft gepresst. Dann misst man pro Liter Saft 2 Liter Wasser und etwa 150 g Zucker ab. Zucker und Wasser werden zusammen erwärmt, bis der Zucker geklärt ist, und nach dem Abkühlen mit dem frisch gepressten Beerensaft vermischt. Am einfachsten verrührt man alles in einer großen Schüssel oder in einem sauberen (neuen) Plastikeimer. Zu der Flüssigkeit kommen nun Hefe und Hefenährsalz enstprechend der Angabe auf dem Hefepräparat sowie 30 g Zitronen- oder Weinsteinsäure auf 15 Liter. Diese Flüssigkeit füllt man mit einem Trichter in die Ballonflasche. Sie wird mit einem sauberen, luftdurchlässigen Tuch verschlossen und drei Tage an einen möglichst warmen Ort gestellt. Je wärmer der Platz zum Gären ist, desto besser. Falsch wäre es allerdings, die

Flasche direkt auf eine Wärmequelle zu stellen, etwa auf den Kachelofen. Wärmer als 30 °C sollte das warme Plätzchen doch nicht sein.

Bald beginnt es in der Ballonflasche wild zu gären. Nach drei Tagen wird der Gäraufsatz auf die Flasche gesetzt. Er verhindert, dass Außenluft in die Flasche dringt, lässt aber die bei der Gärung entstehende Kohlensäure entweichen. Nun können Sie die Flasche von der Wärmequelle wegstellen. Sie muss aber in einem warmen Raum bleiben, bis die Gärung abgeschlossen ist. Das kann schon nach zwei Wochen der Fall sein, aber auch bis zwei Monate dauern. Sobald keine Gasbläschen mehr in der Flüssigkeit aufsteigen, ist die erste Phase der Weinherstellung beendet.

Mit dem Plastikschlauch zieht man nun den Wein in einen Eimer ab – trinkbar ist er allerdings noch nicht. Die Ballonflasche wird gründlich gereinigt.

Tipp

Es gibt spezielle Flaschenbürsten für Ballonflaschen. Die Flasche wird aber auch sauber, wenn Sie eine Hand voll Sand hineingeben und dann kräftig mit Wasser schwenken. Der Sand reibt alle Verschmutzungen von den bauchigen Wänden der Flasche ab. Zuletzt müssen Sie gründlich nachspülen, denn kein noch so kleiner Rest von Spülmittel darf in der Flasche bleiben.

Die gesäuberte Flasche wird jetzt mit dem noch jungen Wein befüllt. Mit dem Gäraufsatz kommt sie nun zur Nachgärung in einen kühleren Raum – bei 12 bis 15 °C reift der Wein am besten.

Die Nachgärung dauert je nach Frucht unterschiedlich lange, bisweilen bis zu drei Monaten. Kosten Sie hin und wieder, ob der Wein schon trinkbar ist. Die Nachgärung kann auch in Flaschen vonstatten gehen – das riskieren Anfänger aber besser nicht. Erst wenn die Nachgärung abgeschlossen ist, wird der Wein auf Flaschen gezogen und unbedingt mit neuen Korken verschlossen. Neue Korken kann man nur mit einem Verkorkungsgerät in den Flaschenhals setzen. Versuche mit einem Hammer oder ähnlichen Hilfsmitteln enden in Katastrophen. Nun muss der Beerenwein nochmals einige Monate lagern, erst dann ist er richtig fein.

Bei Wein aus Schlehen, Hagebutten und Vogelbeeren kommt eine andere Methode zur Anwendung, da sich diese Früchte nicht roh entsaften lassen. Hier stellen Sie eine Maische her. Dafür werden die Früchte sauber gewaschen und zerdrückt. Bei den Hagebutten werden vorher die harten Kerne entfernt, bei Schlehen dürfen die Kerne nicht verletzt werden, denn sie enthalten Blausäure. Das so entstandene Mus geben Sie in einen sauberen Eimer und übergießen es mit dem in warmem Wasser geklärten Zucker. Davon benötigen Sie die gleiche Menge wie bei den anderen Beerenweinen. Jetzt fügen Sie noch Hefenährsalz, Hefe und Zitronensäure hinzu und lassen die Maische am einfachsten zehn Tage in dem Eimer vergären. Dabei muss aber peinlich genau darauf geachtet werden, dass kein Schmutz und kein Staub in die Flüssigkeit kommt. Besser, aber umständlicher ist es, die Maische in eine Ballonflasche zu füllen und darin vergären zu lassen. Die Flasche wird aber nicht mit dem Gäraufsatz, sondern

mit einem Leinentüchlein verschlossen. Nach zehn Tagen filtern Sie die Maische durch ein Leinentuch oder eine doppelt gelegte Mullwindel ab. Es ist etwas schwierig, die Maische wieder aus der Flasche zu bekommen. Hier hilft ein fester, in Form gebogener Draht, mit dem man beim Umfüllen immer wieder umrührt, damit keine feste Masse am Flaschenboden zurückbleibt.

> **Tipp**
> Empfindliche Mägen vertragen Wein aus schwarzem Holundersaft nicht besonders gut. Er wird ganz sicher bekömmlich, wenn Sie keinen kalt gepressten Saft verwenden. Erhitzen Sie die Beeren mit Zuckerwasser auf 80 °C. Nach dem Abkühlen geben Sie die restlichen Zutaten zu und füllen die Maische in die Ballonflasche.

Der gefilterte Rohwein wird dann wieder in die gesäuberte Ballonflasche gefüllt, mit dem Gäraufsatz verschlossen und zwei bis drei Monate in einen kühlen Raum gestellt. Anschließend können Sie ihn in Weinflaschen umfüllen.

Kräuter in Essig und Öl

Eine besondere und zugleich einfache Art, das Aroma von Wildkräutern zu konservieren, ist das Einlegen in Essig und in Öl. Die feinen Kräuter geben bald ihren Geschmack an die Flüssigkeit ab. Salate können so auch im Winter delikat gewürzt werden. Zum Einlegen in Essig oder Öl eigenen sich alle Kräuter, die einen starken Eigengeschmack haben –

Blüten und Kräuter können Essig oder Öl stark aromatisieren. Die hübschen Flaschen sehen in der Küche sehr dekorativ aus.

also zum Beispiel Oregano, Thymian, Bärlauch, Pfefferminze, Schafgarbe. Auch hier können Sie nach Lust und Laune ausprobieren.

Man sieht den Essig nicht ab, sondern lässt die Pflanzenteile in der Flasche. Sie können immer wieder neuen Essig nachgießen – allerdings nicht unbegrenzt. Diese Flaschen mit Kräuteressig sehen sehr dekorativ aus. Sperren Sie sie also nicht in einen Schrank, sondern stellen Sie sie lieber auf einem Küchenregal zur Schau.

Ebenso verfährt man beim Einlegen von Kräutern in Öl. Öl nimmt allerdings den Geschmack nicht so schnell an wie Essig. Sie müssen etwa drei Wochen warten, bis Sie das Kräuteröl verwenden können. Öl bewahrt man auch besser in einer dunklen Flasche oder in einem Schrank auf. Bei Licht wird es leicht etwas trüb, was dem Geschmack aber keinen Abbruch tut.

Kräuteröl verwendet man nicht nur für Salatsoßen. Steaks, mit Kräuteröl bepinselt, schmecken delikat. Auch einer Pizza tut ein Löffel Oregano-Öl gut. Und eine Majonäse aus Kräuteröl zum Fleischfondue ist ein echtes Ereignis!

Kräuteressig

Für Kräuteressig verwenden Sie einen neutral schmeckenden Essig, am besten Wein- oder Apfelessig. Einige Zweige frische, sauber gewaschene Kräuter in hübsche, helle Flaschen stecken. Es erhöht den Geschmack, wenn die Blüte daran bleibt. Anschließend mit Essig aufgießen, bis alle Pflanzenteile vollständig bedeckt sind. Die Flasche

31

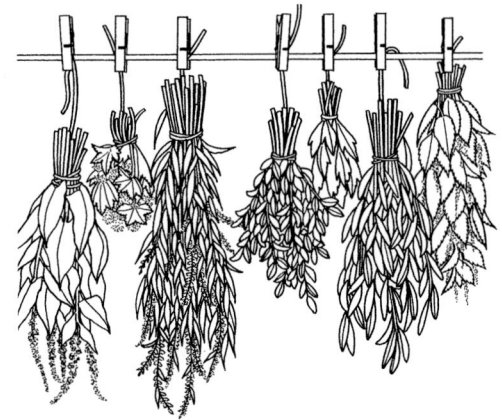

Die bequemste Methode, Kräuter zu trocknen: Man bindet sie frisch gepflückt zu Sträußen und hängt sie auf einer Wäscheleine an einen warmen, schattigen Platz.

verschließen und an einen warmen Platz stellen. Das darf ruhig ein sonniges Fenster sein. Schon nach einer Woche ist der Essig gebrauchsfertig, er kann aber auch monatelang stehen bleiben, dann allerdings nicht mehr in der Sonne.

Trocknen für den Winter

Viele Pflanzen, vor allem Tees und Gewürze, konserviert man durch Trocknen oder Dörren. Das ist sicher die älteste und einfachste Art, die wohlschmeckenden und gesunden Genüsse für den Winter aufzubewahren. Allerdings sollten Sie, selbst bei noch so reichlichen Ernten, niemals mehr trocknen, als Sie für einen Winter brauchen. Länger als ein Jahr sind Heil- und Würzkräuter nicht schmackhaft. Auch wenn man sie noch so gut verpackt, sind Aroma und Heilwirkung leider nach einem Jahr dahin. Pflanzen zum Trocknen werden immer bei trockenem Wetter gesammelt,

Pflanzen mit Blüten während der Mittagszeit, wenn sie voll aufgeblüht sind.

Die einfachste Art der Trocknung ist es, die Pflanzen zu Sträußen zu binden und an einem schattigen Ort aufzuhängen. Natürlich schützt man sie vor Luftfeuchtigkeit, sonst dauert die Trocknung zu lange. Am praktischsten ist ein Dachboden mit Durchzug oder ein luftiger Schuppen. Die Pflanzen sind trocken, wenn die Blätter sich leicht zerbröseln und die Stiele sich problemlos brechen lassen. Trocknen Sie die aromatischen Pflanzen aber niemals in der prallen Sonne – obwohl das schnell geht. Sie werden braun und geschmacklos. Besser geeignet ist der Backofen bei 40 °C und leicht geöffneter Ofentür.

Beim Trocknen im Backofen werden die Wildkräuter natürlich nicht zu Sträußen gebunden. Man legt die einzelnen Pflanzen zum Trocknen hinein, wenn die Büschel nicht zu dicht sind, oder man zerschneidet die Stängel in große Stücke. Da das Trockengut Wärme von oben und von unten braucht, bespannt man

Selbst hergestellter Kräuteressig und -öl bereichern nicht nur die eigene Küche, sie sind auch schöne Mitbringsel.

den Grillrost mit einem Stück Gazetuch und legt die Wildpflanzen locker darauf – aber nicht zu dicht. So muss nicht ständig gewendet werden wie beim Trocknen auf dem Backblech. Wichtig ist vor allem, dass die Backofentür etwas geöffnet bleibt, damit die Feuchtigkeit entweichen kann.

Für Pflanzen, die man nicht zu Sträußen binden kann, aber trotzdem im Freien (nicht in der Sonne) oder auf dem Dachboden trocknen möchte, kann man ganz leicht Trockenhurden bauen: Man spannt Fliegendraht oder Gaze auf einen Rahmen aus Dachlatten oder ein altes Fenster ohne Glas. Raffiniert und recht einfach herzustellen ist eine Trockenkiste, bei der die Sonnenenergie genutzt

wird. Sie lohnt sich allerdings nur, wenn man sehr viel zum Trocknen und Dörren hat – also auch reife Äpfel, Birnen und Zwetschgen aus dem Garten. Das ist eine stabile, ziemlich große, an einer Seite offene Bretterkiste auf vier etwa 50 cm hohen Pfosten. Vom Unterboden der Kiste bis zum Boden ist ein einfacher „Sonnenkollektor" angebracht:

Dafür nagelt und leimt man zunächst einen 20 cm starken Rahmen zusammen. Die Unterseite schließt man mit einer dünnen Spanplatte, die innen mit schwarzer Gartenfolie bespannt ist. Auf die Oberseite kommt Glas oder klare Gartenfolie. Strahlt nun die Sonne auf diesen einfachen Kollektor, erwärmt sich die Luft im Innern des Rahmens

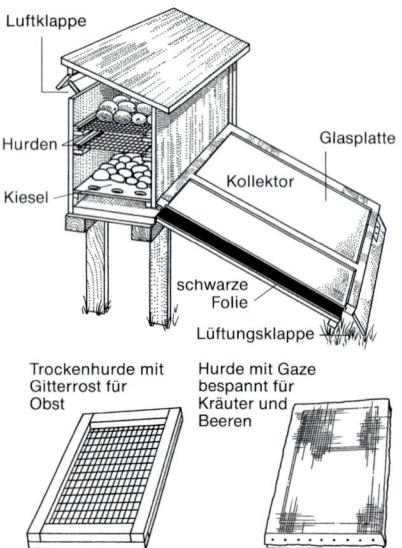

Luftklappe

Hurden

Kiesel

Glasplatte

Kollektor

schwarze Folie

Lüftungsklappe

Trockenhurde mit Gitterrost für Obst

Hurde mit Gaze bespannt für Kräuter und Beeren

In diesem Trockengestell mit „Sonnenkollektor" kann man Beeren, Kräuter und Obst gleichzeitig trocknen.

und steigt schräg in die Kiste auf (natürlich lässt man den Rahmen zur Kiste hin offen). Sie steigt dann in der Kiste hoch und tritt oben durch einen Luftschlitz wieder aus. Diese warme Luft trocknet Kräuter und Früchte bestens und kostenlos. Das Trockengut wird auf mehrere luftdurchlässige Trockenböden (Hurden) geschichtet, die man in beliebiger Zahl übereinander in die Kiste einschieben kann.

Einfacher, wenn auch teurer, ist ein Dörrapparat, den es in verschiedenen Größen im Fachhandel gibt. Diese Apparate sind bereits mit Thermostat und Zeitschaltuhr versehen, sodass nichts schief gehen kann. Der Energieverbrauch kann allerdings erheblich sein.

Das Trocknen von Beeren für Tee – dafür eignen sich Heidelbeeren und Hagebutten – klappt am besten im Backofen bei etwa 50 °C und leicht geöffneter Tür. Es dauert aber einige Stunden. Die Beeren sind richtig gedörrt, wenn sie trocken, aber nicht hart sind. Prüfen Sie also regelmäßig nach. Wer Energie sparen möchte und einen Kachelofen besitzt, stellt die oben beschriebenen Trockenhurden aus Dachlatten und Fliegengaze übereinander an den Ofen. Als Abstandhalter dienen Ziegelsteine. Allerdings sollten Sie den Kachelofen dann nicht gerade auf vollen Touren heizen.

Getrocknete Blätter und Früchte bewahrt man in Blechbüchsen oder Pappschachteln auf. Allerdings darf man so nur solche Kräuter aufbewahren, die auch wirklich richtig trocken sind. Selbst wenn Sie überzeugt sind, alles richtig gemacht zu haben, sollten Sie regelmäßig nachschauen, ob das Trockengut nicht zu schimmeln anfängt. Was nämlich nach außen hin absolut trocken aussieht, kann trotzdem innen noch etwas Feuchtigkeit enthalten. Das gilt für Wurzeln, Beeren und auch für Blätter.

Wenn Sie den Tee bald verbrauchen – das ist bei Hausteemischungen ja meist der Fall – können Sie die getrockneten Blätter auch in normalen Papiertüten

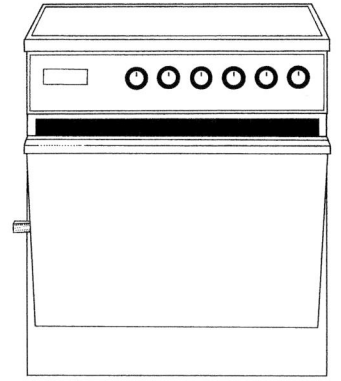

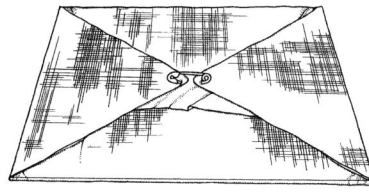

Will man Kräuter im Backofen trocknen, überzieht man den Grillrost mit einem Gazetuch oder mit Fliegendraht.
Die Backofentür bleibt einen Spalt geöffnet, damit die Feuchtigkeit abziehen kann.

man auf dem Dachboden hängen, schützt sie aber mit einem Mulltuch vor Staub. Selbst geernteten und getrockneten Kräutertee können Sie in kleinen, selbst genähten Säckchen aus buntem Baumwollstoff oder Jute verschenken. Vergessen Sie jedoch nicht den Hinweis, den Tee später in Büchsen umzufüllen.

Nüsse müssen nicht direkt getrocknet werden. Doch sollten sie unbedingt an einem warmen, trockenen Ort lagern und bis Weihnachten verbraucht werden.

Fermentieren von Tee

Wenn Ihnen der Geschmack von schlicht getrocknetem Haustee zu bieder ist, können Sie Blätter von Brombeeren, Himbeeren und Erdbeeren fermentieren. Fermentierter Tee schmeckt feiner als der aus getrockneten Blättern. Dafür lässt man die Blätter leicht anwelken, sie dürfen aber auf keinen Fall richtig trocken werden. Am besten bleiben sie nach dem Pflücken einfach einen Tag im Sammelkorb liegen. Dann legt man sie – nicht zu viele auf einmal – ausgebreitet auf ein sauberes Tuch, besprizt sie mit Wasser und rollt das Tuch auf. Es darf nur leicht feucht sein, also nicht „triefen". Diese Rolle legt man vier Tage an einen warmen Platz. Wieder ausgepackt, duften die Blätter fein nach Blüten. Wenn sie dann getrocknet sind, ist der Duft weg. Die Enttäuschung darüber ist allerdings verfrüht, denn nach einigen Tage in de Blechdose entwickelt sich der Blütenduft wieder. Fermentierter Tee erinnert im Geschmack an chinesischen Grüntee. Ein ganz besonderes Aroma bekommt er, wenn Sie ihn in der Kanne mit getrockneten Apfelschalen vermischen.

aufbewahren. Jedoch nicht allzu lange, sonst verlieren sie den Geschmack, zwei bis drei Monate halten sie sich in diesem Behältnis aber ausgezeichnet.

Getrocknete Früchte werden grundsätzlich in flachen Schachteln aufbewahrt, in denen nicht allzu viele Schichten übereinander liegen. Gerade hier ist regelmäßige Kontrolle wichtig.

Getrocknete Blüten sollten immer in gut schließenden Blech- oder Glasbehältern aufbewahrt werden, denn sonst ziehen sie immer wieder Feuchtigkeit an. Getrocknete Kräutersträuße lässt

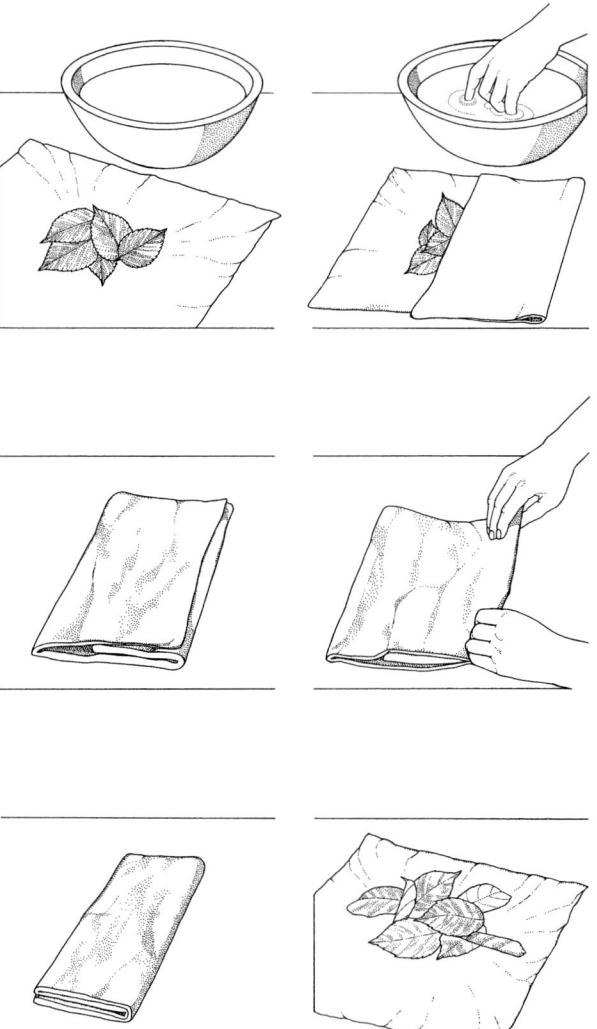

Fermentierte Brombeer- und Himbeerblätter schmecken ähnlich wie chinesischer grüner Tee. Sie werden einen Tag nach dem Pflücken in ein angefeuchtetes Tuch gerollt und vier Tage an einen warmen Platz gelegt. Danach duften die Blätter fein. Getrocknet verlieren sie zwar ihren Duft, aber in einem geschlossenen Glas aufbewahrt, geben sie ihr feines Aroma beim Überbrühen an den Tee ab.

Wildpflanzen als Heil- und Hausmittel

Die meisten Wildpflanzen sind auch Heilpflanzen. Man kann sie auf vielerlei Arten anwenden. Gegen Husten, Rheuma, Bauchweh, Verletzungen, kurzum gegen jede Krankheit ist ein „Kräutlein gewachsen". Die gebräuchlichste Verwendung der Heilkräuter ist die als Tee. Heiltees trinkt man in kleinen Mengen, nicht literweise gegen den Durst. Im Allgemeinen gibt man einen Teelöffel getrocknete Teeblätter auf eine Tasse Wasser. Der Tee wird mit heißem Wasser überbrüht und nach 5 bis 10 Minuten abgesiebt. Am wirksamsten ist Heiltee vor dem Frühstück. Danach trinkt man über den Tag verteilt nochmals zwei Tassen in kleinen Portionen. Wird der Tee mit Honig statt mit Zucker gesüßt, steigert das noch seine Wirkung.

Solange Sie die Teekräuter frisch in der Natur finden, können Sie den Tee natürlich auch aus frischen Pflanzenteilen zubereiten. Er schmeckt etwas anders, ist aber noch wirksamer als Tee aus getrockneten Blättern und Blüten.

Blutreinigungskur aus frischen Kräutern

Überbrühen Sie eine große Hand voll frische Schlüsselblumen (Blüten und Blätter), Brennnesseln und klein geschnittene frische Löwenzahnwurzeln mit 1 Liter kochenden Wasser. Nach 10 Minuten filtern Sie ab und trinken den Tee über den Tag verteilt. Diese „Frühjahrskur"

sollten Sie mindestens vier, längstens jedoch sechs Wochen durchhalten.

Aber warum sollen nur wir Menschen an den Heilkräften der Natur teilhaben? Auch Haustieren können Sie mit Heilkräutern manchen guten Dienst erweisen. Doch trinken Hund, Katze, Pony und Stubenvogel nun mal keinen Tee. Deshalb mischt man eine kleine Prise getrockneter oder frischer Kräuter ins Futter, auch wenn die Tiere nicht krank sind. Unterzieht man sein Haustier im Frühjahr und Herbst rechtzeitig einer Brennnesselkur und gibt ihm getrocknete Blätter ins Futter, vollzieht sich der jahreszeitlich bedingte Fellwechsel problemlos. Das neue Winter- oder Sommerfell ist dann glänzend und dicht.

Bei Erkältungskrankheiten hilft ein Hustensirup, den man sehr gut selbst zubereiten und lange aufbewahren kann, noch besser als Tee. Auch Kinder nehmen diesen leckeren Hustensirup gern. Aus Huflattich- und Wegerichblätter können Sie einen anderen, allerdings ziemlich aufwändigen Hustensirup herstellen.

Hustensirup aus Löwenzahn

Zwei große Hand voll Löwenzahnblüten in 1 Liter kaltem Wasser aufsetzen. Einmal aufkochen und über Nacht stehen lassen. Die Flüssigkeit am nächsten Tag durch ein Tuch abgießen und dieses

Zubereitung von Hustensirup aus Huflattich- und Wegerichblättern: Die Blätter werden abwechselnd mit Zucker in ein Glas oder Krug geschichtet. Früher wurden die verschlossenen Gefäße im Garten eingegraben, um eine gleichmäßige Temperatur zu erhalten.

setzt sich der Glasinhalt, dann nochmals eine Portion Blätter und Zucker einschichten. Das Glas muss sehr dicht gefüllt sein. Das Glas fest verschließen und acht Wochen in gleichmäßige Wärme stellen. Früher gruben die Bäuerinnen diese Gläser oder Krüge in einer geschützten Ecke des Gartens in den Boden ein. Dort ist die Wärme am gleichmäßigsten. Aber auch ein warmes Plätzchen neben dem Herd ist geeignet. Während dieser Zeit durchläuft die Kräuter-Zucker-Mischung einen Gärprozess. Die Mischung anschließend aus dem Glas nehmen, durch ein Mulltuch gießen und Rest gut ausdrücken. Den so gewonnenen Sirup kurz aufkochen, abkühlen lassen und in kleine Flaschen füllen. Den Sirup teelöffelweise bei Husten oder vorbeugend in Grippezeiten einnehmen. Er ist ein Jahr lang haltbar.

Die Heilkräuter aus der Natur helfen nicht nur innerlich. Man wendet sie ebenso häufig und mit guter Wirkung äußerlich an, zum Beispiel als Kräuterbäder. Diese bewirken bei Rheuma, Nierenerkrankungen und manchen Frauenleiden oft wahre Wunder. Dafür setzen

auspressen. Den Saft mit 1 kg Zucker und dem Saft einer Zitrone vermischen und so lange auf kleinster Hitze ziehen lassen (nicht kochen, denn dabei gehen die Heilkräfte verloren!), bis er sirupartig eingedickt ist.

Hustensirup aus Huflattich und Wegerich

In ein Einmachglas abwechselnd eine Lage Blätter und eine Lage braunen Zucker schichten. Nach einigen Stunden

Johanniskrautöl ist einfach herzustellen und wirkt hervorragend bei Verspannungen und Muskelschmerzen sowie Verbrennungen.

Sie am Abend einen Eimer voller Kräuter – Blätter, Stiele und Blüten – mit kaltem Wasser an und lassen das Ganze bis zum nächsten Abend ziehen. Gefiltert und leicht erwärmt wird der Kräuterauszug dem Badewasser zugesetzt. Bei stark aromatischen Kräutern nehmen Sie nur eine Hand voll, übergießen sie mit heißem Wasser, lassen sie ziehen und geben den Auszug ins Sitz-, Voll- oder Fußbad. Am einfachsten füllen Sie getrocknete Kräuter in ein Mullsäckchen und legen es direkt ins Badewasser.

Wenn sich früher ein Bauer auf dem Feld verletzte, verlangte er nicht nach Salbe und Pflaster. Er pflückte am Weg-rand eine Hand voll Spitzwegerich oder Beinwell und band die Blätter auf die Wunde. Sie verheilte wunderbar. Diese Heilkraft der frischen Blätter vieler Pflanzen können Sie sich auch heute noch zu Nutze machen. Bei kleineren Verletzungen und Brandwunden, aber auch bei schlecht heilenden Wunden und Geschwüren hilft ein Kräuterbrei oft erstaunlich schnell. Dafür zerreibt man einige Blätter – am heilsamsten sind Spitzewegerich, Beinwell, Wegwarte und Ackerschachtelhalm –, legt den Kräuter-brei auf die Wunde und lässt ihn einige Zeit einwirken. Haben Sie sich zum Bei-spiel bei einer Wanderung eine Blase gelaufen hat, verschwinden Schmerzen und Blase nach dieser Naturbehandlung schnell.

> **Info**
>
> Aus den Wurzeln des Beinwell können Sie ein Mehl herstellen, das zu einem Brei verrührt und auf eine rheumatische Stelle gelegt in vielen Fällen hilft. Dafür werden die Wurzeln getrocknet und mit der Kaffeemühle gemahlen. Auch eine Tinktur aus Beinwellwurzeln, die Sie zwei Wochen in Weingeist legen und in die Wärme stellen, hilft bei Gelenkschmerzen (Seite 51).

Frischen Ackerschachtelhalm legt man über Nacht in kaltes Wasser und wäscht sich mit dieser Lösung am nächsten Tag die Haare. Das wirkt erstaunlich gegen Schuppen. Gegen Pickel und unreine Haut wendet man Brunnenkresse an. Man reibt das ganze Gesicht mit dem Saft der Brunnenkresse ein oder legt einen Brei aus frischer Brunnenkresse auf die betroffenen Stellen.

Leicht herzustellen und sehr wirksam sind Kräuteröle gegen allerlei Beschwerden. Am bekanntesten ist wohl das Johannisöl aus den Blüten des Johanniskrautes. Die Blüten dieser goldgelben Pflanze werden in einem Glas mit gutem Olivenöl übergossen. Nach zwei bis vier Wochen färbt sich das Öl leuchtend rot. Es wirkt besonders gut bei Verbrennungen, aber auch bei Muskelschmerzen und Verspannungen. Ebenso stellt man aus Bärlauchblättern Öl her, das man tropfenweise einnimmt. Es hat, wenn auch etwas abgeschwächt,

dieselbe Wirkung wie frische Bärlauchblätter, die ja nur etwa zwei Monate lang gesammelt werden können.

Schon immer wurden Kräutersäckchen verwendet. Aus einem leichten Stoff, beispielsweise aus alten Mullwindeln, näht man kleine Säckchen und füllt sie mit getrocknetem Thymian oder Kamille. Sie helfen bei Ohrenschmerzen. Man erwärmt die Kräutersäckchen auf dem Ofen oder, wenn es schnell gehen muss, auf dem heißen Bügeleisen und legt sie auf die schmerzenden Stellen. Auch Gelenkschmerzen kann man mit Kräutersäckchen lindern.

Säckchen mit duftenden Kräutern werden auch in Schränke und Schubladen gelegt, damit die Wäsche immer frisch nach Kräutern duftet. Bocksklee vertreibt sogar Motten, darum heißt er im Volksmund auch Mottenklee. Als

Gegen Verbrennungen und bei Verletzungen hilft Johannisöl. Voll erblühte Johanniskrautblüten werden in gutes Olivenöl gelegt und so lange an ein sonniges Fenster gestellt, bis sich das Öl leuchtend rot färbt.

Gegen Motten helfen Sträuße aus getrocknetem Bocksklee, die man zwischen die Kleider hängt.
Kleine hübsche Säckchen mit wohlriechenden Kräutern im Schrank lassen die Wäsche duften.

getrocknetes Sträußchen hält er die Schränke frei von diesem Ungeziefer. Ein großer Strauß Rainfarn im Zimmer vertreibt zuverlässig Fliegen.

Bei der Verwendung von Wald- und Wiesenpflanzen als Heilmittel gilt allerdings: Es sind keine Wundermittel. Sie unterstützen die körpereigenen Abwehrkräfte und haben oft auch echte, zum Teil wissenschaftlich noch nicht einmal erforschte Heilkräfte. Sie sind jedoch keine Allheilmittel. Mit einer ernsthaf-

ten Erkrankung müsen Sie daher zum Arzt gehen. Fragen Sie ihn ruhig, ob diese oder jene natürliche Arznei angewendet werden kann. Ärzte setzen heute verstärkt auf Naturheilmittel und wissen, wann sie angewendet werden dürfen und wann besser nicht.

Spielen Sie deshalb auch niemals mit so gefährlichen wild wachsenden Heilpflanzen wie zum Beispiel dem Fingerhut auf eigene Faust den Doktor. Das kann schlimme Folgen haben!

Färben mit Wildpflanzen

Die Pflanzen unserer heimischen Flora eignen sich sehr gut, um Wolle und Stoffe zu färben. Die erzielten Farbtöne sind allerdings nicht so knallig und leuchtend wie bei exotischen Färbehölzern oder speziellen Färberpflanzen, aber sie sind sehr klar und zart. Unsere einheimischen Pflanzen ergeben vor allem Gelb- und Braun-Töne sowie graue und rötliche Töne. Blau kann man mit einheimischen Pflanzen überhaupt nicht färben, dazu braucht man Indigo (aus dem Fachhandel). Das Verfahren ist recht kompliziert. Kräftige Rot-Töne zum Beispiel erzielt man mit Rotholz, Krappwurzeln, Henna und Koschenille. Diese Färbemittel sind in der Apotheke erhältlich.

Wer aber lieber mit einheimischen Pflanzen färben möchte, muss wissen, welche Pflanze welchen Farbton ergibt:

> Birkenblätter: Gelb
> Birkenrinde: helles Rotbraun
> Blutwurz (Tormentill): Altrosa
> Brombeerblätter: Gelb
> Brombeeren: Rosa
> Brennnesseln: Braun
> Erlenblätter: Grüngelb
> Himbeerblätter: Gelb
> Haselnussblätter: Lohfarben
> Johanniskraut: Goldgrün
> Kamille: Goldgelb
> Sauerampfer: lichtes Gelb
> Schafgarbe: Gelb
> Walnussschalen: Braun
> Walnussblätter: Grünlich

Zum Färben von Schafwolle brauchen Sie möglichst ausgewachsene Pflanzen mit Blüte. Auch Baumwolle und Seide lassen sich gut mit natürlichen Farben färben. Rinde wird niemals vom lebenden Baum geschält, sondern immer von bereits gefällten Bäumen. Diese dürfen allerdings nicht schon vor Jahren geschlagen worden sein, ein halbes Jahr können sie jedoch durchaus liegen.

Damit das Färbgut die Farbe überhaupt annimmt und auch behält, muss es gebeizt werden. Die Beize, die im Allgemeinen aus Metallsalzen besteht, lässt die Faser so aufquellen, dass sie sich eng mit der Farbe verbindet. Diese Beize ist leider in den meisten Fällen giftig, in einigen sogar hochgiftig. Wer also wirklich ganz natürlich färben möchte, färbt die Wolle ganz ohne Beize. Allerdings blutet die Farbe dann nach wenigen Wäschen wieder aus. Ein guter Kompromiss ist das Beizen mit Alaun, der ungiftig ist und auch die Wolle nicht kratzig werden lässt. Gibt man noch etwas Weinstein in die Beize, bleibt die Wolle mit Sicherheit weich. Alaun gibt es in der Apotheke.

So wird gefärbt

Pro 500 g Wolle brauchen Sie 500 g Färberpflanzen – wenn möglich frisch, Sie können aber auch getrocknete Pflanzen nehmen. Außerdem benötigen Sie 100 g Alaun und 30 g Weinstein. Die Wolle – es sollte reine Schafwolle sein – muss

Bunte Wolle: Mithilfe einheimischer Pflanzen kann eine Vielfalt von Farbtönen erzeugt werden. Nur für Blau braucht man Indigo.

fettfrei sein. Hat man sie direkt beim Schafhalter gekauft, empfiehlt es sich, die Wolle mit einem Feinwaschmittel zu waschen. Man legt sie in Stränge von höchstens 50 g und bindet diese mit einem Faden an drei Stellen locker zusammen. In einem großen emaillierten Topf setzt man 15 Liter kaltes Wasser auf den Herd und rührt Alaun und Weinstein hinein, die vorher in etwas heißem Wasser aufgelöst wurden. Die Wolle wird in das kalte Beizbad gelegt. Sie muss vorher angefeuchtet werden, wenn man sie nicht frisch gewaschen hat. Das Beizbad wird jetzt ganz langsam auf etwa 90 °C erhitzt, es darf nicht kochen. Nach 1 Stunde nimmt man den Topf von der Kochstelle. Inzwischen wird das Färbebad vorbereitet. Dafür werden die Färbepflanzen sehr klein

geschnitten, in ebenfalls 15 Liter kaltem Wasser aufgesetzt und etwa 1 Stunde gekocht. Verwendet man Baumrinde zum Färben, schneidet man sie am Vortag in sehr kleine Stücke und weicht sie in warmem Wasser über Nacht ein. Bei Rinden empfiehlt es sich, sie nicht offen im Färbebad zu kochen, sondern in einer zusammengebundenen Mullwindel. Nach 1 Stunde ist die Konzentration im Färbebad ausreichend, und die Pflanzen werden abgesiebt.

Jetzt nimmt man die Wolle aus dem Beizbad, drückt sie kurz aus (Gummihandschuhe tragen) und legt sie in das Färbebad. Dieses darf ebenfalls nur 90 °C heiß werden. Mit einem Holzkochlöffel drückt man die Stränge immer wieder in das Bad hinein, damit sich alle Fasern gleichmäßig einfärben. Je nach gewünschtem Farbton nimmt man die Wolle nach 30 bis 60 Minuten wieder heraus. Je kürzer sie in der Farbe liegt, desto heller wird der Farbton. Besonders intensiv wird die Farbe, wenn man die Wolle im Farbbad liegen lässt, bis es abgekühlt ist.

Nun muss die Wolle ausgespült werden. Dabei beginnt man mit derselben Temperatur, die das Färbebad hatte. Nimmt man die Wollstränge also aus der heißen Färbeflüssigkeit, ist das erste Spülbad ebenfalls heiß, die nachfolgenden haben dann immer niedrigere Temperaturen. Wird Wolle nämlich zu krassem Temperaturwechsel ausgesetzt, wird sie hart. Hat man die Wolle im Farbbad abgekühlt, kann man kalt spülen. Man spült so lange, bis keine Farbe mehr im Spülwasser ist. Dann hängt man die Wollstränge im Freien an einem schattigen Platz auf. Die gefärbte Wolle darf niemals zum Trocknen auf die Heizung gelegt oder in die Sonne gehängt werden. Im ersten Fall wird sie hart, im zweiten verändern sich die Farben.

Wird die Wolle mit Alaun gebeizt, bleiben die Farben ganz natürlich. Mit anderen, jedoch giftigen Beizmitteln können Sie die natürliche Farbe verändern. Chromkali macht die Farbe röter, mit Kupfersulfat erreicht man verschiedene grüne Farbtöne.

Gefärbte Wolle können Sie auch nachbeizen – man nennt das „entwickeln". In Eisensulfat geht die Farbe dann ins Grünliche, bei Zinnchlorid wird sie heller. Mit diesen Beizen mischen Sie also bereits Farben. Allerdings können Sie dadurch vielfältigere und interessantere Farbabstufungen erreichen.

> **Tipp**
> Farbabstufungen sind beim Färben mit unseren einheimischen Pflanzen fast unausweichlich. Färben Sie nicht mehr als 500 g Wolle auf einmal.
> Bei jedem nachfolgenden Färben in derselben Färbeflüssigkeit wird der Farbton etwas heller.

Heimische Wildpflanzen von A–Z

Acker-Kratzdistel
Cirsium arvense

Die Acker-Kratzdistel heißt auch „Jungfrau" oder „Junggeselle", vermutlich wegen der guten Qualitäten unter der stachligen Schale. Diese hübsche Distel wächst vorwiegend in Getreidefeldern und gilt bei Landwirten verständlicherweise als sehr lästiges Unkraut. Nahe Verwandte, wie die Gemeine Kratzdistel und die Stengellose Kratzdistel, wachsen auch oft auf Schutthalden, in Gebüschen, an Wegrändern und als Unkraut im Garten. Auch diese können Sie verwenden, allerdings sind sie kleiner und deshalb schwieriger zu verarbeiten.

Acker-Kratzdistel

Beim Betrachten dieser zwar dekorativen, aber sehr stachligen Pflanze möchte man nicht meinen, dass sie sehr schmackhafte Mahlzeiten ergibt, denn sie macht ihrem Namen alle Ehre. Diese Distel ist nämlich mit der Artischocke verwandt – und kann ebenso zubereitet werden. Wer sie im Kochtopf haben möchte, muss sich allerdings viel Mühe machen – und Gummihandschuhe anziehen.

Die jungen Sprossen und Blütenstiele werden von den Stacheln befreit und wie Spargel in Wasser oder in einer Käsesoße gekocht. Besonders delikat sind die Blütenböden – und sie sind winzig klein. Sie müssen daher schon eine ansehnliche Menge von Distelblüten vor dem Aufblühen von Stacheln und Blütenblättchen befreien, bevor Sie eine ganze Mahlzeit zubereiten können.

Distelknospen in Kräutersoße
250 g Distelknospen von Stacheln und Blütenblättern befreien. Die Knospen in leicht gesalzenem Wasser blanchieren und in einem Sieb abtropfen lassen. Anschließend in frischem Salzwasser mit etwas Zitronensaft 15 Minuten garen. Aus frischen Gartenkräutern oder zart schmeckenden Wildkräutern, einem hart gekochten Ei und 4 Esslöffeln Majonäse eine kalte Soße rühren und zum Servieren über die Distelknospen geben.

Ackerschachtelhalm

Ackerschachtelhalm
Equisetum arvense

Der Ackerschachtelhalm ist vielerorts auch unter dem Namen Zinnkraut oder Scheuerkraut bekannt. Er enthält nämlich so viel Kieselsäure (bis zu 16 Prozent), dass man die Pflanze früher hauptsächlich zum Reinigen von Metallgeschirr verwendete. Vor allem Zinn wird wieder schön glänzend. Die Pflanze wird auch Kuhtod, Duwack und Katzenschwanz genannt. Ackerschachtelhalm findet man auf Feldern und Äckern, an

Wegrändern und Dämmen und als Unkraut im Gemüsegarten. Ein naher Verwandter, der hohe Schachtelhalm, ist größer, hat dickere Stängel und wächst vor allem auf nassen Böden.

Zu Heilzwecken wird Schachtelhalm als Tee und für Bäder verwendet sowie im Garten als biologisches Pflanzenschutzmittel. Für Bäder verwendet man vorzugsweise den hohen Schachtelhalm, für Tee den kleineren Ackerschachtelhalm. Wegen seines hohen Gehaltes an Kieselsäure hilft der Ackerschachtelhalm vor allem bei Blasen- und Nierenerkrankungen. So trinkt man bei Stein- und Griesbildung einen Aufguss aus getrocknetem Schachtelhalm. Dieser Tee hilft außerdem bei zu schwacher Menstruation, bei Drüsenschwellungen und allen Erkrankungen von Lunge und Bronchien.

Bei Blasen- und Nierenerkrankungen nimmt man zusätzlich Sitzbäder in Schachtelhalmbad. Dazu füllt man einen Eimer randvoll mit frischem Schachtelhalm, gießt kaltes Wasser auf und lässt die Mischung 24 Stunden stehen. Danach wird dieser Aufguss abgesiebt und dem Badewasser zugesetzt. Für ein Sitzbad genügen 20 Minuten.

Ein Schachtelhalmbad wirkt auch sehr gut bei schlecht heilenden Wunden, Ekzemen und Schorf. Bei lokalen Wunden oder Geschwüren helfen Kompressen aus zerdrücktem Ackerschachtelhalm. Dafür wird er warm zwischen zwei Tücher gelegt und auf die kranke Stelle gebunden. Bei Schweißfüßen schafft folgende Tinktur Abhilfe: Eine Hand voll Ackerschachtelhalm mit 500 ml Schnaps ansetzen und zwei Wochen an einen warmen Platz stellen. Die sauber gewaschenen Füße täglich mit der Tinktur einreiben.

Tipp

Bio-Gärtner verwenden Ackerschachtelhalm als Spritzbrühe gegen Pilzbefall, Krautfäule und Milben.
Dafür zerschneiden Sie etwa 25 Stängel Schachtelhalm grob und weichen diese in 10 Liter Wasser 24 Stunden ein. Diese Brühe lassen Sie anschließend 30 Minuten köcheln und sieben dann ab. Nach dem Abkühlen wird sie mit der fünffachen Menge Wasser verdünnt und auf die befallenen Pflanzen gespritzt.

Bärlauch
Allium ursinum

In feuchten, schattigen Laubwäldern, aber auch in Gebirgsgegenden findet man im zeitigen Frühjahr den Bärlauch, auch wilder Knoblauch genannt. Die Pflanze wächst in großen Kolonien. Ihre Blätter könnten leicht mit denen des giftigen Maiglöckchens verwechselt werden, wenn der starke Knoblauchduft nicht wäre. Daran erkennt man die Pflanze buchstäblich, bevor man sie sieht. Wenn der Bärlauch Mitte Mai allerdings blüht, kann ihn niemand mehr verwechseln. Die zierlichen weißen Blütendolden bedecken den Waldboden oft kilometerweit – ein Bild, das niemand vergisst, der es einmal gesehen hat.

Sie können versuchen, Bärlauch an einer im Hochsommer schattigen Stelle im eigenen Garten anzusiedeln. Dafür graben Sie im Wald ein ganzes Bodenstück mit Bärlauch aus und verpflanzen es in den Garten. Wenn Sie im Herbst genügend Blätter auf die Stelle häufen,

schaffen Sie das richtige Bodenklima für den Bärlauch. Es dauert dann aber immer noch mehrere Jahre, bis sich der Bärlauch so entwickelt hat, dass Sie genügend ernten können.

Hauptbestandteil des Bärlauchs ist das Bärlauchöl, das vor allem auf die Drüsen anregend wirkt. Es hemmt das Wachstum schädlicher Darmbakterien und regt zugleich alle Drüsen des Magen-Darm-Traktes sowie die Galle an. Kurzum, es gilt als wahres Wundermittel, auch zur Blutreinigung. Durch die Stimulierung aller Drüsen wird eine Entgiftung des ganzen Körpers bewirkt. Das wiederum führt zur Senkung des Blutdrucks, zur Verbesserung der Herzleistung und zur Reinigung der Luftwege. Gegen Verkalkung wirkt Bärlauch ebenso wie echter Knoblauch.

Bärlauch kann man nicht aufbewahren, denn er eignet sich nicht zum Trock-

Bärlauch

Wildkräuter im Backteig wie zum Beispiel Brennnesseln sind ein bekömmliches Gericht. Dafür bindet man zwei bis drei Triebe an den Stängeln zusammen, taucht sie in dünnen Pfannkuchenteig und backt sie in heißem Fett schwimmend aus.

nen. Da es diese heilkräftige und wohlschmeckende Pflanze nur etwa von März bis Mai gibt, sollten Sie während dieser Zeit ausgiebig von ihr Gebrauch machen.

Schon Mitte März findet man die kleinen Blättchen, noch bevor das Gras und andere Pflanzen aus dem Boden sprießen. Jetzt bekommen Sie sehr schnell eine ganze Menge zusammen und sollten das ausnützen. Die Blätter halten sich im Gemüsefach des Kühlschrankes mehrere Tage. Wenn der Bärlauch im Mai blüht, muss man die nachgewachsenen jungen Blättchen mühsam unter den zähen, alten Blättern heraussuchen.

Bärlauch ist ein hervorragendes Würzmittel für alle Salate. Verwenden Sie ihn reichlich – ganz nach Geschmack. Klein geschnitten auf Butterbrote oder gebutterten Toast gestreut ist Bärlauch ein wahres Frühlingsessen.

Links: Bärlauch bedeckt im Frühjahr den Boden ganzer Wälder.

In Quark schmeckt er ebenso gut wie in hellen Soßen. Hier darf er aber nicht gekocht werden, erst zum Schluss wird er – sehr fein geschnitten oder im Mörser zerstoßen – untergezogen.

Ein delikater Spinat lässt sich aus Bärlauch und jungen Brennnessen zubereiten. Beide Pflanzen wachsen oft an derselben Stelle. Man kocht zuerst die klein geschnittenen Brennnesseln in Milch und fügt den Bärlauch erst kurz vor Ende der Garzeit hinzu.

Tipp

In Öl oder Essig eingelegte Bärlauchblätter sind eine feine Salatwürze. Zerreiben Sie für diesen Zweck die Bärlauchblätter im Mörser und geben Sie sie anschließend in die Flüssigkeit. Zerkleinert sehen sie in der Flasche zwar nicht so schön aus wie ganze Blätter, aber der Geschmack ist kräftiger.

In manchen Gegenden stellt man eine Bärlauchessenz her, die tropfenweise bei Bauchschmerzen, Blähungen, Husten und von alten Leuten bei Gedächtnisschwäche eingenommen wird. Dafür stampfen Sie klein geschnittenen Bärlauch fest in eine Literflasche und übergießen ihn mit Kornschnaps. Nach drei Wochen an einem warmen Platz filtern Sie ab und füllen die Tinktur in kleine Fläschchen.

Bärlauch-Pesto

Zwei Handvoll frische Bärlauchblätter sehr fein schneiden oder mit dem Handmixer zerkleinern. Olivenöl hinzufügen und verrühren, bis eine sämige Masse entsteht. 50 g geriebenen Parmesan und 50 g Schafskäse hinzugeben, mit einer Gabel gründlich verrühren. Zum Schluss gehackte Waldnusskerne oder angeröstete Pinienkerne unterrühren. Das Pesto hält sich in einem verschlossenen Glas bis zu zwei Wochen im Kühlschrank.

Beinwell
Symphytum officinale

Der Beinwell, auch Beinwurz, Soldatenwurz, Wallwurz und wilder Komfrey genannt, ist eine große, hübsche Pflanze. Sie wächst überall dort, wo der Boden feucht und nährstoffreich ist, also an Bachläufen auf feuchten Wiesen und an Ackerrändern. Die Blüten sind dunkel- bis hellviolett, manchmal auch weiß. Man kann Beinwell leicht in einer Gartenecke ansiedeln.

Aus den Blättern lässt sich ein feines Gemüse zubereiten, das allerdings kräftig gewürzt werden muss. Knoblauch harmoniert gut dazu. Neueren Untersuchungen zufolge sollten Sie Beinwellblätter allerdings nicht regelmäßig in größeren Mengen verzehren.

Die Heilkraft des Beinwell war schon im Altertum bekannt. Er wird vor allem zur Behandlung von schlecht heilenden Wunden, bei Verstauchungen, Knochenerkrankungen, aber auch bei Blutergüssen und Rheuma eingesetzt. Das Allantonin, das diese heilkräftige Wirkung hat, steckt vor allem in der Wurzel der Pflanze. Diese auszugraben ist jedoch nicht ganz einfach, denn sie ist sehr lang. Man verwendet die Wurzel getrocknet oder frisch. Sie wird nach dem Kochen zerdrückt und als Brei heiß zwischen zwei sauberen Tüchern auf die schmerzende oder verletzte Stelle gelegt. Für Notfälle sollten Sie immer einige Beutel dieses Breis tiefgefroren bereithalten. Alternativ kochen Sie aus 200 g Wurzeln und 500 ml Wasser in 30 Minuten einen Sud. In diesen Sud tauchen Sie eine Mullkompresse und legen sie auf die kranke Stelle. Eine andere Möglichkeit ist es, die getrocknete Wurzel mit einer Handkaffeemühle zu zermahlen und das Mehl mit Wasser zu einem heilsamen Brei zu vermischen. Dieses Mehl kann auch als Wundpuder eingesetzt werden. Dann allerdings muss gewährleistet sein, dass es sauber hergestellt und aufbewahrt wurde. Bei leichten Verletzungen helfen auch Umschläge aus zerdrückten Beinwellblättern gut.

Im biologischen Garten werden die Pflanzen mit einer Brühe aus Beinwell gedüngt. Dafür legen Sie einige grob zerschnittene Beinwellstauden in einen Eimer Wasser und lassen ihn zehn Tage in der Sonne stehen. Währenddessen wird die Kräuterbrühe immer wieder

Beinwell

Danach in sehr kleine Stücke schneiden oder grob raspeln. Die Beinwellstücke in ein Glas mit großer Öffnung schichten und mit Schnaps (45 %) auffüllen. Das Glas stellt man ca. 4 Wochen lang an einen sonnigen, warmen Platz. Die Beinwellstücke können, müssen aber nicht abgesiebt werden. Reiben Sie mit dieser Tinktur die betroffenen Stellen mehrmals täglich ein.

Birke
Betula

Die Birke mit ihrem weißen Stamm wächst in lichten Wäldern. In Nordeuropa sind Birkenwälder charakteristisch für ganze Landschaften. Zunehmend werden Birken auch wieder als Hausbäume beliebt, besonders da sie relativ schnell wachsen.

Die frischen jungen Blätter der Birke enthalten ein ätherisches Öl, Gerbstoffe und saure Saponine.

Ganz junge Birkenblätter sind ein hervorragendes Blutreinigungsmittel, das man in jedem Frühjahr zwei bis drei Wochen regelmäßig zu sich nehmen sollte. Man bereitet dafür einen Aufguss aus einer Hand voll sauber gewaschenener Blätter und 1 Liter kochendem Wasser. Den Tee trinkt man in kleinen Portionen über den Tag verteilt. Dieser Birkenblättertee, der aus getrockneten Blättern hergestellt übrigens fast dieselbe Wirkung hat, treibt vor allem schädliche Wasseransammlungen aus dem Körper. Er hilft also auch bei Herz- und Nierenkrankheiten. Die „Entschlackung", die bei einer solchen Entwässerung stattfindet, ist auch hilfreich bei rheumatischen Erkrankungen und Gicht.

umgerührt. Die fertige Beinwellbrühe verdünnen Sie mit neun Teilen Wasser und gießen sie direkt an die Wurzel der Pflanzen. Kartoffeln gedeihen besonders gut, wenn man sie beim Setzen in die Erde auf einige Beinwellblätter legt.

Beinwell-Tinktur
Prellungen und Blutergüsse heilen schnell, wenn sie mit Beinwelltinktur behandelt werden. Auch Schmerzen in geschwollenen Gelenken werden durch Einreiben mit der Tinktur gelindert. Hierfür werden eine oder zwei Beinwellwurzeln nach der Blüte der Pflanze ausgegraben und sehr sauber gebürstet.

Früher gewann man Birkensaft, indem man im zeitigen Frühjahr den Stamm anbohrte und den herausfließenden Saft auffing. Daraus bereitete man Birkenwein und eine Tinktur gegen Haarausfall. Jedoch werden so angebohrte Bäume gerne krank, weil sich in den Bohrstellen Schadpilze einnisten.

Darum wird man heute keinen Baum mehr opfern, um Birkensaft zu gewinnen. Es gibt ihn in jeder Apotheke zu kaufen.

Brennnessel
Urtica dioica

Brennnesseln wachsen in großen Mengen an Wegrändern und Zäunen, als Unkraut im Garten, im Laubwald und an Bächen. Vor allem in Gärten wird die Brennnessel oft mit sehr drastischen Maßnahmen ausgerottet, denn sie ist hartnäckig. Dabei lohnt es sich wirklich, einen großen Brennnesselbusch im Garten stehen zu lassen, denn die Brennnessel ist eine hochwertige Gemüse- und Heilpflanze. Neben dem wissenschaftlich noch nicht vollständig erforschten Nesselgift, das die bekannten brennenden Quaddeln bei Berührung der Blätter hervorruft, enthält sie pflanzliche Hormone, Vitamin A und C, Kalium, Kal-

zium, Eisen, Schwefel, Natrium und Kieselsäure. Für Gemüse und Tee pflückt man – mit Handschuhen versteht sich – die jungen Triebe, wenn sie etwa 20 cm hoch sind. So schmecken sie am besten. Es wird oft behauptet, dass sie dann noch nicht brennen. Wer es versucht, wird aber schnell eines Besseren belehrt. Die ersten jungen Brennnesseln findet man schon Mitte März bis Anfang April. Doch können sie auch später immer wieder geerntet werden. Wenn die Brennnesseln nämlich abgeschnitten oder abgemäht sind, wachsen die jungen Triebe schnell wieder nach. Wer also einen Brennnesselbusch in einer Gartenecke hat, kann ständig Nachschub holen.

Brennnesseln als Gemüse bereiten Sie am besten zu wie Spinat, sie schmecken auch ganz ähnlich. Alternativ werden fein gehackte junge Brennnesseln in dünne Pfannkuchen eingebacken. Diese Brennnesselpfannkuchen können Sie auch in feine Streifen schneiden und in eine Fleischbrühe geben. Für Brennnesselsuppe gibt es viele Zubereitungsarten: in Fleisch- oder Hühnerbrühe, in einer hellen oder gebrannten Mehlsuppe. In einer Suppe harmonieren Brennnesseln auch sehr gut mit anderen frischen Kräutern, etwa Sauerampfer.

Links: Birke

Im Frühling können Sie mit Brennnesseln eine besonders preiswerte und wohlschmeckende Blutreinigungskur machen. Dafür überbrühen Sie eine große Hand voll junger Brennnesseltriebe mit 500 ml Wasser und lassen den Aufguss 5 Minuten ziehen. Dann werden die Pflanzen herausgenommen. Diesen Tee trinken Sie über den ganzen Tag verteilt. Er schmeckt sehr gut, auch noch nach einigen Stunden, wenn er sich dunkel gefärbt hat. Brennnesseltee wirkt entwässernd und entschlackend. Nach einer solchen Frühjahrskur, die allerdings nicht länger als vier Wochen dauern sollte, werden Sie sich deutlich besser fühlen. Die Kur können Sie im Spätsommer wiederholen, wenn auf den abgemähten Wiesen massenhaft junge Brennnesseln nachgewachsen sind. Es ist auch möglich, diese Kur mit getrockneten Brennnesseln durchzuführen, allerdings schmeckt der Tee nicht so aromatisch wie aus frischen Blättern. Die Volksmedizin behauptet, dass man Rheuma, Hexenschuss und sogar Gicht lindern kann, wenn man die betroffenen Stellen mit frischen Brennnesselzweigen „brennt". Das ist allerdings nicht jedermanns Sache, und empfindliche Personen reagieren unter Umständen allergisch.

Haustieren, die einem Fellwechsel unterliegen, kann man im Frühjahr und Herbst getrocknete und mit warmem Wasser überbrühte Brennnesseln ins Futter geben. Das neue Fell wird dann besonders dicht und glänzend.

Pflanzen im Garten und im Zimmer düngt man mit einer Brennnesselbrühe. Dafür setzt man einen Eimer voll Brennnesseln – es können ausgewachsene, blühende Pflanzen sein – mit kaltem Wasser an und lässt die Brühe 10 Tage in der Sonne stehen. Währenddessen muss immer wieder umgerührt werden. Diese Brennnesselbrühe mischt man im Verhältnis 1:10 mit Wasser und gießt die Pflanzen damit. Gegen Blattläuse und andere Schädlinge hilft Absprühen mit frischer Brennnesselbrühe, die nicht länger als 24 Stunden gezogen hat.

Brennnessel-Tinktur

Gegen Schuppen und Haarausfall hilft eine Tinktur aus den Wurzeln der Brennnessel. Dazu 250 g frische Brennnesselwurzeln in 1 Liter Wasser und 500 ml Essig 30 Minuten kochen. Die Kopfhaut ein- bis zweimal in der Woche gründlich mit der Tinktur einreiben.

Brombeere
Rubus fruticosus

Brombeersträucher wachsen, ja wuchern, in ganz Deutschland an Waldrändern, in Rodungen, auf Brachland, an Wegrändern und Wasserläufen. Das Brombeersammeln ist eine etwas

Brennnessel

schmerzhafte Angelegenheit, weil die Sträucher sehr starke und spitze Dornen haben. Trotzdem lohnt es sich, mit fester Kleidung und zusammengebissenen Zähnen die schwarzen Beeren zu pflücken. Sie enthalten viele Vitamine und sind sehr aromatisch – wesentlich aromatischer als die im Handel angebotenen und in Gärten angepflanzten dornenlosen Brombeeren.

Die Blätter der Brombeere enthalten Gerbstoff, organische Säuren, Pektin und Inosit. Die Beeren enthalten Vitamin A, B und C.

Brombeeren werden in warmen Gegenden ab September reif, in höheren Lagen und in ungünstigen Jahren allerdings oft gar nicht.

Brombeere

> **Zur Info**
> Sammeln Sie nur die schwarzen Beeren, die roten sind unreif und sauer. Man kann sie aber in kleinen Mengen Marmeladen, die schlecht gelieren, beigeben. Unreife Brombeeren enthalten nämlich viel Pektin.

Aus reifen Brombeeren bereitet man Marmelade und Gelee. Wenn Sie sehr viele Brombeeren gesammelt haben, lohnt es sich, Brombeerwein (Seite 29) oder Brombeerlikör (Seite 27) herzustellen, der süß und zugleich herb schmeckt. Wild und gekochtem Rindfleisch gibt eine Brombeersoße eine pikante Note. Aus sehr vielen überreifen Brombeeren können Sie ein Brombeerdessert zubereiten.

Brombeerblätter erntet man ab Juli, und zwar die zweiten jungen Triebe. Sie werden getrocknet oder fermentiert.

Der Tee hilft bei allen entzündlichen Erkrankungen des Magen-Darm-Traktes, bei Durchfall und Hämorrhoidialblutungen. Auch gegen Halsschmerzen und Zahnfleischentzündungen wirkt Brombeertee als Gurgelmittel. Zusammen mit Himbeer- und Walderdbeerblättern ist er ein guter Haustee für jeden Tag.

Brombeermarmelade

1 kg Brombeeren mit 500 g Gelierzucker 2:1 vermischen und über Nacht zugedeckt ziehen lassen. Danach die Beeren leicht zerdrücken und unter ständigem Rühren aufkochen lassen. Anschließend noch 4 Minuten köcheln lassen. Geliert die Marmelade nicht, etwas Gelierhilfe zugeben. Die fertige Marmelade in angewärmte Twist-off-Gläser füllen und diese einige Minuten auf den Deckel stellen.

Brombeergelee

1 l Brombeersaft und 500 ml Birnen-
oder Apfelsaft zubereiten (es muss
frischer Saft sein, kein sterilisierter).
Beide Säfte mit etwas abgeriebener
Zitronenschale einer unbehandelten
Frucht und der vorgeschriebenen Menge Gelierzucker vermischen. Das Gelee
nach Packungsanleitung kochen. Wenn
der Saft nicht geliert, etwas Gelierhilfe
zufügen. Das Gelee schmeckt besonders
gut zu Eis.

Brombeer-Eisbecher

Pro Portion eine Kugel Nusseis in eine
Eisschale geben. 2 Esslöffel Brombeergelee mit 1 Teelöffel Schlehenlikör (natürlich selbst gemacht) vermischen und
über das Eis geben. Zum Schluss den
Eisbecher mit einer Sahnehaube und
einigen frischen Brombeeren verzieren.

Brombeersoße

250 g Brombeeren durch ein Sieb streichen. Das Mus mit 40 g Zucker, einem
halben Glas Rotwein, einem Schnaps-
glas Weinbrand, 1 Teelöffel scharfen
Senf und je einer Prise Gewürznelken-
und Zimtpulver zu einer dicklichen Soße
kochen. Nach Geschmack noch fein
geriebene Mandeln zufügen.

Brombeerdessert

Die Brombeeren mit einem Entsafter zu
Saft verarbeiten oder zerdrücken und
durch ein Mulltuch pressen. Diesen
dicken Saft einige Stunden in einen warmen Raum stellen, bis er fest wird. Währenddessen nicht schütteln und rühren
– das ist wichtig. Mit einem Schlagsah-
ne-Häubchen servieren. Dieses Dessert
schmeckt nicht nur lecker, es ist auch
besonders vitaminreich.

Brunnenkresse
Nasturtium officinale

Die Brunnenkresse ist bei uns recht rar
geworden. Sie braucht nämlich frisches,
sauberes Wasser zum Gedeihen. Aber
wo findet man das noch? An sauberen
Quellen, Bächen, kleinen Flüssen und
auch an ländlichen Brunnen kann man
das grüne, scharf riechende und schmeckende Kraut das ganze Jahr über finden, an offenem Wasser sieht man es
sogar im Winter.

Brunnenkresse lässt sich problemlos
im Garten ansiedeln. Pflanzen Sie einige
am Bach ausgegrabene Pflanzen in eine
große Plastikschüssel ohne Löcher und
graben Sie diese Schüssel neben dem
Regenwasserfass ein. So wird die Pflanze immer nass gehalten. In trockenen
Sommern, wenn die Regentonne nicht
immer voll ist und überläuft, müssen

Brunnenkresse

Sie allerdings gründlich gießen. Den Samen der Brunnenkresse können Sie übrigens auch kaufen.

Brunnenkresse enthält Vitamin A, C und D, Jod, Kaliumnitrat und Senföl.

Sie muss immer besonders sorgsam gereinigt werden. An stehenden Gewässern sollten Sie sie möglichst gar nicht pflücken, da sich hier gerne die Larven von Leberegeln in der Pflanze festsetzen.

Man verwendet die ganze Pflanze, die älteren Zweige und Blätter schmecken sogar noch besser als die ganz jungen. Brunnenkresse passt ausgezeichnet zu allen Salaten. Sie können auch nur aus Brunnenkresse einen Salat zubereiten. Die Schärfe wird gemildert, wenn Sie Orangenspalten und gemahlene Haselnüsse untermischen und die Salatsoße mit Sahne statt mit Öl zubereiten. Kräuterbutter mit Brunnenkresse schmeckt gut zu Fisch. Brunnenkresse ist auch eine wohlschmeckende Zutat zu Quarkspeisen und feinen Kräutersoßen.

Durch ihren hohen Vitamingehalt hilft die Brunnenkresse im Frühjahr sehr gut gegen so bekannte Mangelerscheinungen wie Müdigkeit, Anfälligkeit für Erkältungskrankheiten und Hautunreinheiten. Dagegen trinkt man am besten frischen Brunnenkressesaft, mit etwas Wasser oder Buttermilch vermischt. Schon drei Esslöffel täglich davon genügen. Brunnenkressesaft wurde früher als Mittel gegen Skorbut eingenommen. Und Skorbut ist nichts anderes als Vitaminmangel.

Eine reine und klare Haut bekommen Sie, wenn Sie frischen Brunnenkressesaft als Gesichtstonikum verwenden.

Das in der Brunnenkresse enthaltene Senföl unterstützt übrigens auch die Schleimlösung bei hartnäckigem Husten und regt die Drüsenfunktion an.

Achtung
Brunnenkresse kann die Magenschleimhaut reizen, wenn Sie zu viel davon essen. Schwangeren wird gänzlich vom Genuss der Brunnenkresse abgeraten.

Grüne Soße
Je 2 Esslöffel gehackter Löwenzahn, Sauerampfer und Brunnenkresse mit zwei hart gekochten Eigelb gut verrühren. 3 Esslöffel Quark mit Öl vermischen, bis der Quark schön sämig ist. Die Ei-Kräuter-Mischung mit dem Quark verrühren und nach Geschmack mit Salz, Pfeffer, etwas Senf, Essig und Majoran würzen.

Dost
Origanum vulgare

Dieses Kraut heißt auch Wilder Majoran, Oregano, Schusterkraut, Badkraut, Staudenmajoran und Wohlgemut. Man findet die hübsche, 60 bis 70 cm hohe Pflanze mit kräftigen rosa Blütendolden überall an sonnigen, warmen Standorten. Dost blüht von Juli bis September, dann wird er auch geerntet. Man pflückt die ganze Pflanze, also Stängel, Blätter und Blüten.

Dost enthält ähnliche Inhaltsstoffe wie der Feld-Thymian, hat aber ein völlig anderes Aroma. Das ätherische Öl des Dosts enthält einen hohen Anteil an Thymol und Carvacol sowie Gerbstoffe. Diese Inhaltsstoffe machen mit Dost gewürzte Speisen besser verdaulich.

Dost

Dost wird vor allem als Würzkraut für mediterrane Gerichte – Pizzas, Tomatensoßen und Risottos – verwendet und schmeckt zu allen Nudel- und Reisgerichten. Schwarze Oliven, in reichlich mit Dost angereichertem Öl eingelegt, schmecken zu Wein delikat. Verwendet man den Dost frisch zum Würzen, streift man Blätter und Blüten vom Stängel und gibt sie zu den Gerichten. Für Fleischgerichte bindet man einige Zweige Dost – eventuell mit anderen Kräutern – zu einem Sträußchen und legt dieses nach dem Anbraten dazu. So lässt sich das Gewürz vor dem Anrichten leicht wieder entfernen. Getrockneten Dost bewahrt man als Trockenstrauß auf und streift ihn bei Bedarf von den Stängeln ab.

In der medizinischen Anwendung wirkt Dost vor allem krampf- und schleimlösend sowie magenstärkend. Als Tee eingenommen hat er sogar bei Keuchhusten eine beruhigende Wirkung. Auch bei Magen- und Darmstörungen, krampfartigen Leibschmerzen und Appetitmangel hilft eine mehrmals täglich eingenommene Tasse Tee.

Wohltuend bei Zahn-, Ohren- und Bauchschmerzen oder steifem Hals sind Kräuterkissen, die mit Dost oder einer Mischung aus Dost und Heublumen gefüllt sind. Man erwärmt das Kissen trocken auf einer warmen Herdplatte oder lässt es über Dampf in einem Sieb feuchtwarm werden. Dann legt man es auf die schmerzende Stelle und bedeckt diese mit einem Wolltuch. Ein feuchtwarmes Kissen kann nur zwei- bis dreimal benutzt werden, ein trocken erwärmtes Kissen häufiger.

In der Apotheke kann man Dostöl kaufen – es wird in manchen Gegenden auch Berghopfenöl genannt. Es lindert starke Zahnschmerzen und wird mit Watte auf den erkrankten schmerzenden Zahn geträufelt.

Eberesche
Sorbus aucuparia und
Sorbus domestica

Vogelbeeren heißen die leuchtend roten Früchte der Eberesche im Volksmund. Diese findet man in allen Regionen, vor allem in trockenen lichten Wäldern, an Waldrändern und manchmal auch als große Einzelbäume auf Wiesen im Mittelgebirge. Die Eberesche wird von alters her auch als Alleebaum und im Garten angepflanzt.

Zur Info

Früher kochten die Bäuerinnen Vogelbeeren regelmäßig als Marmelade ein, bis die Meinung aufkam, die Früchte der Eberesche seien giftig. Das hängt wohl damit zusammen, dass die rohen Früchte starken Durchfall verursachen. Sobald sie aber gekocht werden, zersetzt sich die Durchfall verursachende Parasorbinsäure. Die Beeren sind dann genießbar und schmackhaft und besitzen eine hohe Heilkraft.

Vogelbeeren enthalten sehr viel Vitamin C, außerdem Sorbit, Sorbinsäuren, Zitronensäure, Äpfelsäure und Zucker.

Das Sorbit bewirkt einen starken Schutz der Leber. Es wird schnell zu Fruchtzucker umgewandelt, der wiederum besonders leicht von der Leber aufgenommen wird. Außerdem regt Sorbit kräftig die Galle an und entlastet so die Leber. Zuckerpatienten und Leute mit Leberschäden profitieren also, wenn sie Marmelade oder Saft aus Ebereschen zu sich nehmen – natürlich ungezuckert.

Die Vogelbeeren werden schon im Sommer rot, sollten aber erst im Oktober geerntet werden, denn erst dann sind sie richtig reif. Die Vögel kommen den Menschen nicht zuvor. Sie fressen die Beeren der Eberesche meist erst, wenn sich nichts anderes mehr findet – also im Winter.

Wer Vogelbeeren von größeren Bäumen erntet, muss aufpassen: Die Äste und Zweige sind nicht sehr stabil und brechen leicht ab. Verwenden Sie also lieber eine Leiter.

Die Fruchtstände der Eberesche werden in ganzen Dolden von den Zweigen geschnitten, die Beeren erst zu Hause von den Stielen gelöst. Sie schmecken etwas bitter, das macht aber Marmeladen und Gelees recht pikant.

Vogelbeermarmelade können Sie löffelweise gegen Frühjahrsmüdigkeit und zur Vorbeugung gegen Erkältungen essen. Die Beeren werden für Marmelade nur leicht zerdrückt und mit derselben Menge Zucker und einem Viertel der Menge Äpfel unter ständigem Rühren gekocht.

Frisch gepresster Saft aus Vogelbeeren muss vor dem Genuss kurz erhitzt werden.

Bereitet man Ebereschenwein zu, so mischt man zweckmäßigerweise Vogelbeeren und Hagebutten zu gleichen Teilen. Die Weinbereitung ist auf den Seiten 27 bis 30 beschrieben.

Getrocknete Vogelbeeren wirken gegen Durchfall. Durch das Trocknen wird der Beere die stark abführende Parasorbinsäure entzogen. Gerbstoff und Pektin wirken nun Durchfall hemmend.

Eberesche

Am besten isst man täglich zehn bis 20 getrocknete Beeren. Wer das nicht mag, kocht aus den getrockneten Beeren einen Tee und süßt diesen mit Honig.

Vogelbeerkompott

Vogelbeerkompott mildert man mit gleichen Teilen Äpfeln oder Birnen. Die Beeren waschen. Die Äpfel und Birnen schälen, vom Kerngehäuse befreien und in schmale Spalten schneiden. Alle Früchte in einen Topf geben und so viel Wasser angießen, dass sie gerade bedeckt sind. Bei mittlerer Hitze nicht zu weich kochen. Das Kompott mit 300 g Zucker pro kg Früchte sowie etwas Zimt und Gewürznelken würzen. Nach dem Abkühlen ein Glas Birnenschnaps unterrühren.

Vogelbeergelee

Für Vogelbeergelee müssen die Früchte zuerst zu Saft verarbeitet werden. Das geschieht durch Dampfentsaften. Alternativ die Früchte in etwas Wasser weich kochen und dann durch ein Tuch ablaufen lassen. Auf 1 kg Saft 1 kg Zucker abwiegen. Saft und Zucker mischen und so lange erhitzen, bis die Gelierprobe gelingt. Sind die Vogelbeeren schon sehr reif, gibt man ein wenig frisch gepressten Apfelsaft oder eine Hand voll rote, also unreife Brombeeren, dazu. Das erleichtert das Gelieren.

Vogelbeersirup

Die Vogelbeeren mit dem Kartoffelstampfer leicht zerdrücken. 1 kg Vogelbeeren und 1 Liter Wasser bei mittlerer Hitze 30 Minuten kochen lassen. Den Saft dann durch ein Mulltuch ablaufen lassen. Pro Liter Saft 500 g Zucker zugeben und die Mischung nun wieder langsam zum Kochen bringen.

Der Sirup ist fertig, wenn sich am Kochlöffel ein Sirupfaden bildet. Den Sirup heiß in saubere Flaschen füllen und diese sofort verschließen.

Gänseblümchen
Bellis perennis

Das bescheidene Gänseblümchen hat viele Namen: Maßliebchen, Tausendschönchen, Marienkraut und Gichtkraut sind nur einige. Es wächst und blüht nahezu das ganze Jahr über. Selbst im Winter, kaum dass der Schnee getaut ist, kommen die kleinen weißen Blüten zum Vorschein.

> **Zur Info**
> Das Gänseblümchen galt früher als eine Art Allheilkraut. Es wurde bei Husten, Verstopfung, Hautkrankheiten, Ausbleiben der Periode, Wunden und als Blutreinigungsmittel angewendet.

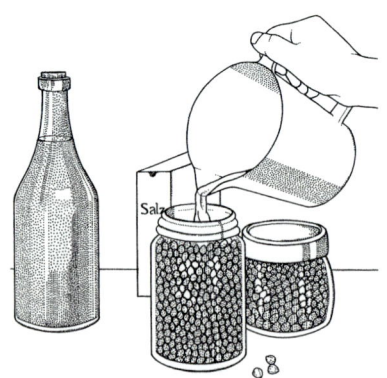

Aus den Knospen von Gänseblümchen kann man Kapern zubereiten.

Die moderne Wissenschaft hat das Gänseblümchen als Heilpflanze noch kaum erforscht. Man weiß wohl, dass es Gerbstoffe, Inulin, organische Säuren und Saponin enthält, aber das reicht nicht aus, um diese vielseitigen Anwendungen zu rechtfertigen. Andererseits hat sich bis jetzt noch immer gezeigt, dass unsere Vorfahren sehr wohl wussten, was sie taten, wenn sie ein Kraut gezielt gegen eine Krankheit einsetzten. Bei ihnen stand Erfahrung anstelle von Forschung.

Gänseblümchenblätter und -blüten verwendet man das ganze Jahr über in großen Mengen in Wildpflanzensalaten. Sie schmecken gut und sehen dazu noch hübsch aus. Auch in Suppen aus Wildpflanzen, in Gemüse und frisch gebrühten Frühlingstees, etwa aus Brennnesseln oder Birkenblättern, können Sie Gänseblümchenblätter mischen. Wie Ackersalat bereiten Sie Gänseblümchensalat zu, der sehr gut mit ausgelassenen Speckwürfelchen schmeckt.

Gänseblümchen

Das Trocknen von Blüten und Blättern lohnt sich nicht, weil man die Pflanze fast das ganze Jahr über frisch ernten kann.

Gänseblümchenknospen

Die Knospen der Gänseblümchen bereitet man wie Kapern zu. Die Knospen dafür in kleine Gläser schichten und mit gut gesalzenem Essig bedecken. Die Gläser verschließen und kühl und dunkel aufbewahren.

Giersch
Aegopodium podagraria

Giersch kann einen Gartenbesitzer zur Verzweiflung treiben. Je mehr man die brüchigen Wurzeln der Pflanze ausgräbt, desto freudiger und dichter wächst das Unkraut nach. Dabei ist der Giersch eine sehr wohlschmeckende und heilkräftige Pflanze, die man als Gemüse in der Küche verwenden kann. Außer in Gärten wächst der Giersch, auch Geißfuß, Podagrakraut und Zipperleinskraut genannt, hauptsächlich in Laubwäldern, Gebüschen und Hecken. Die Pflanze enthält ätherisches Öl und Kaffeesäure.

Aus den vor der Blüte, also ab April geernteten, jungen Blättern lässt sich ein wohlschmeckender Spinat zubereiten.

Fein geschnittene Gierschblätter passen ausgezeichnet zu allen Kartoffelgerichten, etwa in Bechamelkartoffeln oder Kartoffelbrei. Auch an alle Wildkräuter- und Gartensalate können Sie fein geschnittene Gierschblätter geben. Sind sie noch sehr jung, darf es ein kräftiger Anteil sein. Sind die Gierschblätter schon ziemlich groß, verwendet man sie anstelle von Petersilie zum Würzen des Salates. Im Garten können Sie das „Unkraut" ständig ernten, denn es wächst in kürzester Zeit wieder nach.

Als Heilpflanze wird der Giersch schon seit dem Mittelalter verwendet. Er hilft vor allem gegen Rheuma, Gicht und Arthritis, daher auch seine volkstümlichen Namen. Man trinkt zwei- bis dreimal täglich eine Tasse Tee. Dafür übergießen Sie pro Tasse zwei Esslöffel frisches Kraut mit kochendem Wasser und lassen den Tee etwa 5 Minuten ziehen.

Bei Bienen- oder Insektenstichen lindern schnell auf den Stich gelegte, zerdrückte Gierschblätter den Schmerz.

Gierschgemüse

Die Stiele entfernen und die Blätter etwa 1 Minute blanchieren. Die abgesiebten Gierschblätter ganz fein hacken oder im Mixer pürieren. Zwei Scheiben Weißbrot mit heißer Milch übergießen, fein zerdrücken und unter das Gierschgemüse rühren. Dieses Gemüse schmeckt zu Rühreiern oder als Füllung in dünnen Pfannkuchen oder Maultaschen. Dafür etwas weniger Brot verwenden.

Giersch

Gundelrebe
Glechoma hederacea

Die aromatische Gundelrebe findet man häufiger in der Ebene als im Gebirge. Sie wächst auf Wiesen, Äckern, an Zäunen und auf Baumstümpfen, sogar an sonnigen Mauern. Ende März bis Ende Juni trägt die Gundelrebe, die im Volksmund auch Gundermann, Egelkraut, Soldatenpetersilie und Katzenminze heißt, kleine blaue Blüten. Die Pflanze ist unverwechselbar. Man erkennt sie sofort am aromatischen Duft, den die runden Blätter ausströmen, wenn man sie zwischen den Fingern zerreibt.

Die Gundelrebe enthält vor allem Gerb- und Bitterstoffe und viel salpetersaures Kali. Für Menschen ist sie heilkräftig, für Pferde jedoch giftig.

Für die Wildkräuterküche sucht man die jungen Blättchen vor der Blüte, also im zeitigen Frühjahr. Ganz junge Gundelrebenblättchen passen hervorragend in Kräuterquark, Frühlingssuppen und Kräuteromeletts. Sie schmecken aber auch als Würzkraut sehr gut in Kartoffelsalat, Kartoffelsuppe und Kartoffelklößen – überhaupt zu allen Kartoffelgerichten. In Wildkräutersalaten sollte man die Gundelrebe sparsam verwenden, sie tritt sonst geschmacklich zu stark hervor.

Als Naturheilmittel verwendet man die Gundelrebe während der Blütezeit. Ein Tee aus Blättern und Blüten wirkt schleimlösend und anregend auf die Luftwege, die Leber und den Magen-Darm-Trakt. Den Tee (ein Teelöffel Blüten und Blätter auf eine Tasse Wasser) trinkt man bei Bronchitis, bei Magenschleimhautentzündung sowie bei Leber- und Niereninsuffizienz.

Gundelrebe

Auch bei Menstruationsstörungen empfiehlt es sich, drei bis vier Tage lang zwei
Tassen Tee täglich zu trinken.

> **Tipp**
> Als Vorrat für den Winter trocknen
> Sie die Pflanze mit den Blüten. Dabei
> darf die Wärme aber nicht zu stark
> sein, sonst schwindet die Heilwir-
> kung.

Äußerlich verwendet man die Gundelrebe bei schlecht heilenden Wunden, bei
Zahnschmerzen und Gicht. Dafür kocht
man 10 g Blätter in 500 ml Wasser und
macht mit diesem Sud Umschläge. Bei
Ausschlägen, Ekzemen und ebenfalls bei
Gicht verwendet man diesen Sud auch
als Badezusatz.

Heckenrose und Hagebutte
Rosa canina

Hagebutten sind die reifen, roten Früchte der wilden Heckenrose, auch Hunds-
rose genannt. Diese Rosensträucher mit
den zartrosa Blüten wachsen in Feldhecken und Gebüschen, an Waldrändern
und Böschungen und – mit gutem
Grund – auch heute noch in vielen Bauerngärten. Wenn Sie im Garten genügend Platz haben, pflanzen Sie ruhig an
einem Zaun einen Heckenrosenstrauch.
So haben Sie den köstlichen Vitaminspender direkt im Garten – und
schön ist der Strauch obendrein.

Es gibt wohl kaum eine Wildfrucht,
die so vielseitig verwendbar und dazu
noch so gesund und wohlschmeckend
ist wie die Hagebutte. Ihr Gehalt an Vitamin C ist zwanzigmal höher als der von

63

Heckenrose

Zitrusfrüchten. Außerdem enthält die Frucht Karotin und Vitamin E, K, A und B. Der Gehalt an Fruchtzucker ist hoch, ebenso der Mineralstoffgehalt. Die Frucht ist reich an Eisen, Magnesium, Natrium, Phosphor und Schwefel, an Pflanzensäuren und an Pektin.

Die Heckenrose blüht im Mai. Jetzt können Sie die Blüten ernten und sie zu Rosennektar verarbeiten, eine Süßspeise, die vor allem im Orient beliebt ist.

Sie können die Rosenblüten auch kandieren und als Verzierung für Torten oder als Konfekt verwenden (Seite 20).

Früher bereitete man im Mai aus den Blüten der Heckenrose (auch Gartenrosen können verwendet werden) eine romantische Rosenbowle. Wer etwas Besonderes anbieten möchte, kann einen Rosenlikör ansetzen.

Handfester und gesünder als die Blüten sind allerdings die Früchte der Heckenrose, die Hagebutten. Man erntet sie von Mitte September bis Mitte November. Sie müssen richtig reif sein, das heißt schon leicht weich. Die Hagebutten werden schon früher rot. Aber solange sie noch hart sind, sind sie unreif und sollten nicht verwendet werden. Es schadet gar nichts, wenn die Hagebutten schon Frost abbekommen haben.

Hagebutten können Sie unbedenklich in großen Mengen vom Strauch pflücken. Die Singvögel fressen sie erst, wenn sie gar nichts anderes mehr finden, und selbst dann nicht sehr gerne. Vermutlich sind sogar ihnen die haarigen Kerne im Innern der Frucht zu hart. Diese zu entfernen ist allerdings für fast alle Zubereitungsarten der Hagebutte unumgänglich – und kein Vergnügen. Am besten klappt es immer noch mit dem gebogenen Ende einer Haarnadel. Das Entkernen können Sie bei einigen Zubereitungen umgehen, indem Sie die Hagebutten weich kochen und durch ein Sieb streichen. So bleiben die Schalen und Kerne zurück. Sie werden getrocknet und als Tee verwendet.

Eines der beliebtesten und zugleich gesündesten Produkte aus Hagebutten ist das Hagebuttenmus. Man nennt es in manchen Gegenden auch Hägenmark. Dieses Mus ist leicht herzustellen.

Schon unsere Großeltern wussten: „Täglich Hagebuttenmus und die Erkältung kommt erst gar nicht ins Haus." Mit einem Esslöffel täglich beugen Sie tatsächlich Erkältungskrankheiten wirksam vor. Wenn die Grippe Sie allerdings schon erwischt hat, können Sie getrost die fünffache Menge zu sich nehmen.

Besonders vitaminschonend ist die Zubereitung von Hagebuttenmus nach einem Rezept aus dem 18. Jahrhundert. Dafür werden die entkernten Hagebutten in einem Steintopf fest zusammengedrückt und mit etwas Wasser bedeckt. Sobald sie weich sind, streicht man sie durch ein Sieb und vermischt die Masse mit derselben Menge Zucker. Das Mus wird jetzt nur erwärmt, es darf

rechts: Hagebutten

auf keinen Fall kochen. Allerdings ist auf diese Weise hergestelltes Hagebuttenmus nicht so lange haltbar wie bei der Zubereitung durch Kochen. Man bewahrt es im Kühlschrank auf.

Hagebuttenmarmelade schmeckt besonders lecker, wenn man sie mit Kirschwasser, Rum oder Wein verfeinert. Hagebuttensirup mit Orangeat, Zitronat und einem Schuss Orangenlikör schmeckt zu Wild, Grießbrei und Pudding. Mit selbst gemachten Hagebuttenwein und Hagebuttenlikör kann jede Hausfrau Ehre einlegen (Seiten 25 bis 30). Kandierte Hagebutten sind eine ganz ungewöhnliche Leckerei für die Adventszeit.

Tee aus Hagebutten wirkt vor allem harntreibend, er hilft bei Nierenerkrankungen und bei Neigung zu Steinbildung. Er wird aus den Schalen und Kernen zubereitet. Dafür zerschneiden Sie die Hagebutten in vier Teile, trennen Schalen und Kerne und trocknen sie eine Woche lang an einem schattigen Platz. Schalen und Kerne sollten dabei in einer Lage, also nicht übereinander liegen. Sie können jedoch auch die Rückstände von Mus- oder Marmeladenbereitung trocknen. Damit die Hagebutten auch wirklich trocken sind, werden sie im Backofen bei 30 °C nachgetrocknet. Dabei heißt es aufpassen: Ist die Temperatur zu hoch, werden die Schalen schwarz, geschmacklos und wertlos.

Zur Info

Sie können bedenkenlos größere Mengen Hagebuttentee über einen längeren Zeitraum hinweg trinken, ohne die Nieren zu schädigen.

Rosennektar

Zwei Tassen Zucker, eine halbe Tasse Wasser und je 1 Esslöffel Zitronen- und Orangensaft mischen und erwärmen. Eine Tasse Blütenblätter in die Mischung geben und unter Rühren darin schmelzen lassen.

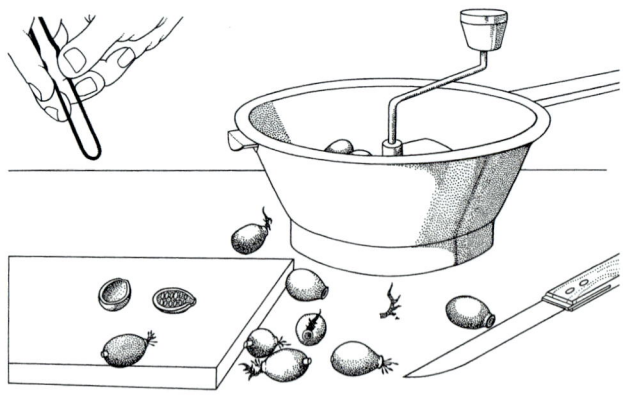

Hagebutten müssen für die meisten Gerichte entkernt werden. Das geht am besten mit dem Ende einer Haarnadel. Für Mus und Saft treibt man die entkernten Früchte durch ein Passevit, auch „Flotte Lotte" genannt.

Rosenlikör

500 ml Kornschnaps und vier Tassen Rosenblätter in ein Glas geben. Dieses fest verschließen und vier Wochen durchziehen lassen. Aus 500 ml lieblichem Weißwein, 250 g Zucker und einer Vanillestange einen Sirup kochen. Erkalten lassen und mit dem gefilterten Rosenauszug vermischen.

Hägenmark

Die Hagebutten in etwas Wasser weich kochen und durch eine Fruchtpresse treiben oder durch ein stabiles Sieb drücken. Das durchgedrückte Mus abwiegen und pro Kilo Mus 1 kg Zucker zufügen. Die Mischung bei kleinster Temperatur 1 Stunde lang rühren. Zuletzt das Mus in saubere Schraubgläser füllen. Dieses Hagebuttenmus ist sehr lange haltbar.

Kandierte Hagebutten

500 g Hagebutten gründlich waschen, halbieren und entkernen. Dann nochmals waschen, um alle Härchen aus den Früchten zu entfernen. Aus 4 Esslöffeln Zucker und 6 Esslöffeln Wasser eine Glasur kochen. Die abgetrockneten Hagebuttenhälften nacheinander in die Glasur tauchen, sofort wieder herausnehmen und zum Trocknen nebeneinander auf eine Platte legen.

Hagebuttenkonfekt

Aus Hagebuttenmus bereiten Sie gesundes Konfekt zu. Dafür 8 Esslöffel Mus mit 6 Esslöffeln feinen Haferflocken und 6 Esslöffeln geriebenen Nüssen vermischen. Die Masse zu kleinen Kugeln formen und über Nacht stehen lasssen. Anschließend in Haushaltszucker wälzen.

Haselnuss
Corylus avellana

Den Haselnussstrauch findet man in ganz Deutschland in Wäldern, Gebüschen und Feldhecken. Er wird bis zu 5 Meter hoch, und im Frühjahr blühen an seinen Zweigen die bekannten gelben „Würstchen". Die Haselnuss ist ein sehr wertvolles Nahrungsmittel. Sie enthält 50 Prozent mehr Protein, siebenmal mehr Fett und fünfmal mehr Kohlehydrate als Hühnereier. Wenn es also heißt, dass unsere Vorfahren sich in grauer Vorzeit von Beeren und Nüssen ernährt haben, dürfen Sie das getrost glauben.

Die wild wachsenden Haselnüsse sind kleiner als die im Geschäft angebotenen oder im Garten kultivierten. Dafür schmecken sie aber zarter und süßer. Sie sind jedoch nicht den ganzen Winter über haltbar. Wenn Sie einen Korb Haselnüsse gesammelt haben, trocknen Sie diese auf dem luftigen Speicher oder auf einer Hurde nach und verwenden sie bis Weihnachten. Das dürfte ja kein Problem sein, denn Haselnüsse gehören zum Weihnachtsgebäck.

Bei der Ernte der Haselnüsse im September muss man Glück haben, denn Vögel und Eichhörnchen sind immer schneller als wir Menschen. Haben Sie einen Strauch mit reifen Nüssen entdeckt, breiten Sie ein Tuch darunter aus und schütteln die Zweige. Grüne Früchte, die man mit Gewalt abreißen muss, sind noch nicht genießbar.

Nussplätzchen und Kuchen kennt jeder. Das ist aber noch lange nicht alles, was man aus Haselnüssen zubereiten kann. Leckere Haselnussmarmelade zum Beispiel bringt Abwechslung auf den Frühstückstisch. Haselnusslikör ist

Haselnuss

sehr süß, schmeckt aber besonders fein. Die Zubereitung weicht von der üblichen Likörherstellung ab (siehe Rezept).

Haselnussmarmelade

400 g Honig mit 100 ml Wasser unter Rühren erwärmen. 250 g fein gemahlene Haselnüsse und 50 g geriebene Bitterschokolade zufügen und alles gründlich verrühren. Die fertige Marmelade in Schraubgläser füllen. Dieser Brotaufstrich eignet sich auch als Keksfüllung.

Gebrannte Haselnüsse

Die Haselnüsse aus der Schale lösen und im Backofen erhitzen, dabei aber nicht bräunen. Pro 500 g Nüsse 500 g Zucker in einer Eisenpfanne ohne Wasser hellbraun schmelzen lassen. Etwas Vanillezucker und Zimt unterrühren. Die warmen Haselnüsse in den geschmolzenen Zucker geben und darin wenden, bis sie rundum mit Zucker überzogen

sind. Die heißen Nüsse auf einem sauberen Backblech voneinander lösen, dann abkühlen lassen.

Haselnusslikör

400 g Haselnüsse rösten und anschließend zerhacken. Am besten geht das mit einem Zerhacker, den viele elektrische Küchenmaschinen als Zusatzgerät haben. Die gehackten Nüsse in ein großes Glas mit weiter Öffnung füllen und mit 1 Liter kochendem Wasser übergießen. Sobald das Wasser abgekühlt ist, 1 Liter Rum, 750 g Zucker und eine Vanillestange zugeben und alles gründlich verrühren. Das Glas gut verschließen und die Mischung zwei Wochen an einem warmen Ort stehen lassen. Danach den Likör durch einen Filter gießen und in Flaschen füllen. Nochmals etwa zwei Monate im Keller ruhen lassen.

Heidelbeere
Vaccinium myrtillus

Die Heidelbeere, auch Blaubeere, Bickbeere, Staudebeere und Taubeere genannt, wächst im Nadelwald, vornehmlich auf sandhaltigen Böden und kommt oft in großen Flächen vor.

Die wohlschmeckenden Beeren enthalten bis zu 7 Prozent Gerbstoff, dazu Pektin, Vitamin A und C sowie in geringeren Mengen auch B-Vitamine, organische Säuren und bis zu 30 Prozent Invertzucker. Tee aus Heidelbeerblättern senkt angeblich den Blutzuckerspiegel. Doch sollten Laien ihn nicht anwenden, da er bei längerem Gebrauch und bei falscher Dosierung zu Vergiftungen führen kann.

Je nach Standort werden Heidelbeeren von Juli bis September reif und können dann leicht in großen Mengen geerntet werden.

„In der Heidelbeerzeit kann der Arzt in Urlaub gehen" sagt ein alter Spruch. Wie in den meisten alten Sprüchen steckt auch in diesem etwas Wahres.

Frisch geerntete Beeren schmecken am besten mit Zucker und frischer Milch. Sie können sie auch problemlos einfrieren, denn Heidelbeeren schmecken nach dem Auftauen wie frisch gepflückt. Sie zerfallen nicht und verlieren auch nicht den Geschmack. Mit Heidelbeeren lassen sich unzählige Gerichte zubereiten. Beliebt sind alle Arten von Heidelbeerkuchen und -torten.

Besonders interessant und schnell zubereitet ist der saftige Amerikanische Heidelbeerkuchen.

Auch Marmelade und Gelee können Sie aus Heidelbeeren zubereiten. Beim Einwecken als Kompott brauchen Sie nur sehr wenig Wasser. Es genügt die Flüssigkeit, die nach dem Waschen an den Beeren bleibt.

Im Schwarzwald, wo es Heidelbeeren in Hülle und Fülle gibt, kocht man Heidelbeerkompott auf ganz unkomplizierte Weise ein: Man füllt die gewaschenen Heidelbeeren in Gläser, mischt Zucker mit Wasser so, dass er gerade flüssig ist und gibt dieses Zuckerwasser über die Beeren. Diese werden dann 20 Minuten bei 80 °C sterilisiert.

Für Heidelbeerlikör mischt man zwei Teile Heidelbeeren mit einem Teil Sauerkirschen und verwendet Obstbranntwein, der keinen Eigengeschmack hat. Durch die Mischung von Heidelbeeren und Kirschen wird der Likör im Geschmack lieblicher. Heidelbeerwein allerdings wird nur aus Heidelbeeren hergestellt. Haben Sie sehr viele Heidelbeeren gesammelt, lohnt es sich, Saft für den Winter zu bereiten. Dieser Saft wirkt – wie rohe Heidelbeeren und alle Zubereitungen daraus – gut gegen Durchfall. Dabei reizen die Beeren den Magen nicht, wirken keimtötend und entzündungshemmend. Verdünnten Heidelbeersaft kann man sogar Babys bei Verdauungsproblemen geben. Bei starkem Durchfall hilft eine Abkochung aus etwa 250 g Heidelbeeren und 250 ml Wasser. Man nimmt diesen Saft schluckweise ein.

Heidelbeertinktur hilft sehr gut bei juckenden Ekzemen, schlecht heilenden Wunden und bei Bartflechte. Dazu setzt man 200 g getrocknete Heidelbeeren in 1 Liter Schnaps an und lässt dies drei Wochen ziehen. Hautausschläge können Sie auch mit frisch gepresstem Heidelbeersaft betupfen.

Heidelbeere

Sind Zahnfleisch und Mundschleimhaut entzündet, genügt es, eine Zeit lang getrocknete Heidelbeeren langsam zu zerkauen. Die Infektion wird dadurch schnell eingedämmt.

Auch gegen Spül- und Madenwürmer helfen Heidelbeeren. Diese Kur ist allerdings radikal. Dabei dürfen Sie drei Tage nichts anderes als Heidelbeeren essen – roh oder gekocht. Der Vorteil: Diese Wurmkur ist garantiert ungiftig und kann bedenkenlos auch bei Kindern angewendet werden.

Tipp

Für Ihren Wintervorrat können Sie die heilsamen Beeren trocknen.
Dazu werden sie zuerst auf Hurden ausgebreitet, an einem warmen Platz vorgetrocknet und dann im Backofen bei milder Hitze fertig gedörrt.
Die Beeren sollen weich bleiben, dürfen aber beim Zerdrücken keinen Saft mehr abgeben.

Amerikanischer Heidelbeerkuchen

100 g Butter und 100 g Zucker schaumig rühren. Nach und nach 300 g Mehl, ein Ei, 1 Teelöffel Backpulver und etwas Milch zugeben, bis ein geschmeidiger Teig entsteht. Den Teig mit einem Teigschaber in einer Springform verstreichen und dabei einen kleinen Rand hochziehen. 750 g Heidelbeeren mit 150 g Zucker vermischen und auf dem Teig verteilen. Die Beeren mit der Hand leicht andrücken, aber nicht zerquetschen. Den Kuchen im vorgeheizten Backofen bei 200 °C 40 Minuten backen. Wer ihn nicht gar so saftig mag, zuckert die Beeren erst nach dem Backen.

Heidelbeer-Sahnequark-Schichtspeise

Steif geschlagene und gesüßte Sahne behutsam unter dieselbe Menge Quark ziehen. Dabei nicht zu stark rühren, sonst fällt die Creme zusammen. Die Creme abwechselnd mit frischen oder eingemachten Heidelbeeren in hohe Gläser füllen. Zuletzt auf jedes Glas eine kleine Sahnehaube setzen. Das ist eine besonders festliche Nachspeise.

Himbeere
Rubus idaeus

Waldhimbeeren findet man auf fast allen Waldlichtungen, oft in sehr großen Mengen. Waldhimbeersträucher können Sie recht erfolgreich in den eigenen Garten verpflanzen. Lassen Sie sie dort genauso wachsen wie im Wald, nämlich als buschigen Strauch. Die Waldhimbeere ist zwar kleiner als die Gartenhimbeere, aber viel aromatischer. Ein Ernteausflug lohnt sich deshalb auf jeden Fall. Dabei sammelt man nicht nur die Beeren, sondern auch die Blätter – beides von Anfang Juni bis in den September. Schneiden Sie nur die oberen drei bis fünf Blätter von den jungen Trieben ab, sie ergeben den besten Tee.

Die Blätter der Waldhimbeere enthalten Gerbstoffe, Milchsäure, Bernsteinsäure und ungesättigte Fettsäuren. Die Früchte sind reich an Vitamin C.

Die Blätter der Waldhimbeere werden getrocknet und mit gleichen Teilen Brombeer- und Walderdbeerblätter zu einem bekömmlichen Haustee gemischt. Noch heute wird auf dem Lande behauptet, dass dieser Haustee, regelmäßig getrunken, gegen alle Krankheiten immun machen soll. Himbeer-

Himbeere

blättertee wirkt besonders entzündungshemmend bei allen Erkrankungen des Verdauungstraktes. Bei Halsschmerzen empfiehlt er sich zum Gurgeln. Noch besser als getrocknete schmecken fermentierte Himbeerblätter (Seite 35).

Fällt die Himbeerernte in warmen Sommern sehr reichhaltig aus, pflückt man nur die reifen, aber nicht die überreifen Beeren. Die Waldvögel möchten ja auch noch etwas haben, und die Rehe holen sich die Beeren ebenfalls gerne. Nur wenn Sie Saft oder Himbeerlikör herstellen wollen, nehmen Sie auch die weichen, tiefroten und überreifen Beeren mit, am besten in einem gesonderten Gefäß.

Haben Sie viele überreife Beeren, lohnt es sich Himbeermark zum Einfrieren herzustellen. Dafür lässt man die Beeren an einem warmen Platz in reich-

lich Wasser stehen, damit alle Würmchen nach oben kommen und abgenommen werden können. Dann siebt man die Beeren ab, drückt sie durch ein Sieb und friert das Himbeermark in kleinen Portionen ein. So behält es seinen hohen Vitamin C-Gehalt und kann für verschiedene Süßspeisen verwendet werden.

Auch Sirup aus Waldhimbeeren darf nur ganz kurz aufgekocht werden, damit das wertvolle Vitamin nicht zerstört wird.

Tipp

Frische Himbeeren lassen sich ausgezeichnet einfrieren, sie werden beim Auftauen nicht matschig und behalten auch ihren Geschmack. Allerdings müssen sie gezuckert eingefroren werden.

Aus überreifen Himbeeren bereitet man Himbeerlikör (Seite 27), der besonders köstlich über Eis und Pudding schmeckt. Er wird mit Wodka angesetzt, der das Himbeeraroma besonders hervorhebt. Torten und Nachspeisen bereitet man ebenso zu wie aus Gartenhimbeeren, nur mit weniger Zucker.

Himbeersaft nach Großmutters Art
Dafür Himbeeren in einer weiten Suppenschüssel 48 Stunden lang in den Keller oder in einen kühlen Raum stellen (der Kühlschrank ist ungeeignet). Dort ziehen die Himbeeren Saft. Die Beeren anschließend in einem Sieb abtropfen lassen und mit einem Holzlöffel kräftig ausdrücken. Pro Liter Saft 200 g Zucker zufügen und die Flüssigkeit ganz kurz aufkochen. Den Saft kochend heiß in saubere Flaschen füllen und diese mit ausgekochten Gummikappen verschließen. Dieser Himbeersaft ist besonders ergiebig und mehrere Monate haltbar.

Himbeersorbet
500 g Waldhimbeeren mit 250 g Puderzucker durch ein Sieb drücken. Dieses Himbeermus in einem Krug mit weitem Hals mit dem Saft einer Zitrone und einer Flasche Süßmost gut vermischen. In hohe Gläser je eine Kugel Himbeereis geben und die Gläser kurz vor dem Servieren je zur Hälfte mit dem Himbeersaft und Sekt auffüllen. Eine besonders feine Nachspeise.

Himbeer-Schnee
2 Eiweiß zu sehr steifem Schnee schlagen. 200 g Puderzucker und 500 g Himbeeren unterziehen. Den Schnee in flache Schalen füllen und mit etwas Himbeergeist parfümieren.

Hirtentäschel
Capsella bursa-pastoris

Das bescheidene Hirtentäschel heißt im Volksmund auch Blutkraut. Wohl deshalb, weil die Pflanze schon seit dem Mittelalter als blutstillendes Kraut bekannt ist. Andere Bezeichnungen sind Bauernsenf, Hungerkraut, Hellerkraut und Himmelsmutterbrot. Man findet das Hirtentäschel praktisch überall, wo magerer Boden ist: an Weg- und Ackerrändern, auf Wiesen und an Bächen. Es wächst sogar durch Pflastersteine und auf sonnigen Steinmauern. An Wirkstoffen enthält das Hirtentäschel vor allem Cholin, Acetylcholin, Tyramin und Gerbstoffe.

Gesammelt und verwendet wird die ganze Pflanze: Blätter, Blüten, Früchte und Stängel. Das Hirtentäschel, das seinen Namen von dem dreieckigen Früchten hat, die direkt am Stängel sitzen, kann von März bis Oktober geerntet werden.

Hirtentäschel

Als Heilpflanze wird das Hirtentäschel vor allem gegen innere und äußere Blutungen eingesetzt. Es wirkt auch gut bei starken und unregelmäßigen Menstruationsblutungen. Bei solchen Beschwerden werden acht bis zehn Tage vor der Periode täglich zwei Tassen Tee getrunken. Dafür übergießt man einen gehäuften Teelöffel Hirtentäschelkraut pro Tasse mit heißem Wasser und lässt den Tee 10 Minuten ziehen. In der Pubertät unterstützt der Tee die Regulierung der Periode, aber auch während der Wechseljahre ist er hilfreich. Dann trinkt man vier Wochen lang regelmäßig täglich eine Tasse Hirtentäscheltee und macht anschließend vier Wochen Pause.

Bei Wunden, die sich nicht schließen wollen oder stark nässen, hilft ein Absud aus getrocknetem oder frischem Hirtentäschelkraut. Dafür übergießt man es mit kochendem Wasser und legt es abgekühlt zwischen zwei Mull-Läppchen als Kompresse auf die Wunde.

Schwarzer Holunder
Sambucus nigra

Holundersträucher wachsen an Waldrändern, in Feldgebüschen und in Bauerngärten. Sie können sehr groß werden und brauchen auch im Garten keine besondere Pflege. Sie vermehren sich praktisch von alleine. Je mehr man davon hat, desto besser. Denn schon unsere Vorfahren wussten: „Ein Holunderstrauch im Garten ist so wertvoll wie eine ganze Apotheke".

Die weißen Blütendolden des Holunders, den man auch Flieder oder Hollerstrauch nennt, enthalten schweißtreibende Glykoside, ätherisches Öl, Rutin,

Die Blüte des Schwarzen Holunders

Cholin, Fruchtsäuren, Gerbstoff und viel Vitamin C. Die reifen Beeren sind reicher an Vitamin A und C als alle anderen Obstarten. Auch Rinde und Blätter des schwarzen Holunders sind heilkräftig, doch sollten Laien sie nicht verwenden. Bei falscher Dosierung kann es nämlich leicht zu Vergiftungserscheinungen kommen.

Ende Mai steht der Holunderbusch in voller Blüte – und schon können Sie zum ersten Mal ernten.

Schnell ist alkoholfreier „Holundersekt" zubereitet, der vor allem bei Kindern beliebt ist. Dafür kochen Sie drei bis vier Blütendolden in 2 Liter Wasser kurz auf, süßen mit Zucker nach Geschmack und servieren das Getränk eiskalt – möglichst in Sektgläsern. Nur wenige wissen, dass man aus Holunderblüten auch einen Likör mit feinem Aroma herstellen kann.

Holunderbeeren und Vogelbeeren werden mit einer Gabel von den Dolden gestreift.

Aus Holunderblüten und Stachelbeeren lässt sich ein nach Muskatellertrauben schmeckendes Gelee hergestellt. Auch eine wirksame Salbe gegen Entzündungen aller Art bereitet man aus Holunderblüten. Dafür werden diese in Schweinefett erhitzt und dann abgesiebt.

Ende August sind die Holunderbeeren reif. Man erntet die ganzen Rispen und streift die Beeren erst in der Küche mit einer Gabel ab. Zuvor werden die Rispen gründlich gewaschen.

Aus Holunderbeeren können Sie kalte und warme süße Suppen zubereiten. Sie schmecken lecker und sind sehr gesund. So ist Holundersuppe ein gutes Vorbeugungsmittel gegen Erkältungskrankheiten.

Ebenfalls als Vitaminspender gilt Holundermus, das wie Marmelade aufbewahrt wird.

Für den Winter konservierten Holundersaft trinkt man stark mit Wasser oder Mineralwasser verdünnt. Holundermarmelade schmeckt am besten, wenn sie mit Äpfeln, Birnen, Brombeeren oder Zwetschgen gemischt wird. Dabei verwendet man zwei Teile Holunderbeeren und einen Teil andere Früchte.

Eine ganz raffinierte Soße können Sie aus Holunderbeeren zubereiten: die Pontack-Soße (Rezept auf Seite 76). Sie schmeckt zu dunklem Fleisch und Wild. Es geht das Gerücht, dass es keinen britischen Ruhestandsoffizier gibt, der diese Sauce nicht als unentbehrliche Zutat stets in seinem Gepäck hätte. Am besten schmeckt diese englische Holundersauce nach sieben Jahren – sie ist aber auch schon nach sieben Tagen gut.

Achtung

Beim Verarbeiten von Holunderbeeren sollten Sie darauf achten, dass Ihre Kinder nicht von den rohen Beeren naschen. Die meisten Menschen vertragen sie nämlich nicht, Übelkeit und Erbrechen können die Folge sein. Sobald die Beeren aber gekocht oder getrocknet sind, werden sie bekömmlich. Getrocknete Holunderbeeren wirken sogar ausgezeichnet gegen Durchfall. Dann etwa 30 getrocknete Beeren über den Tag verteilt kauen.

Hollerküchel

Aus den stark duftenden Blütendolden bereitet man Holunderpfannkuchen – in Bayern heißen sie Hollerküchel. Dafür die ganzen Blütendolden in Pfannkuchenteig tauchen und in schwimmendem Fett ausbacken.

Holunderzucker

Die Holunderblüten 1 Stunde im Backofen bei 50 °C trocknen. Danach halb und halb mit Puderzucker vermischen.

Schwarzer Holunder

Holunderzucker ist vielseitig verwendbar. Man bestreut damit Pfannkuchen, Süßspeisen und Obstkuchen.

Holunderblütensaft

Für 5 Liter Saft braucht man 15 voll aufgeblühte Blütendolden, 1 kg Zucker, 2 ungespritzte und unbehandelte Zitronen sowie 30 g Zitronensäure. Die Blütendolden gründlich ausschütteln (nicht waschen!) und in eine große Schüssel legen. Die in Scheiben geschnittenen Zitronen dazulegen. Den Zucker in 5 l Wasser klären, also erwärmen, bis der Zucker geschmolzen ist. Die warme Flüssigkeit über die Blüten und Zitronenscheiben geben und die Schüssel mit einem Tuch bedeckt 48 Stunden lang stehen lassen. Die Blüten und Zitronenscheiben absieben, die Flüssigkeit mit der Zitronensäure vermischen und kurz aufkochen. Den noch kochenden Saft in saubere Flaschen füllen und diese gut verschließen. Besonders Kindern schmeckt dieser leckere Sirup.

Holunderlikör

Einige Holunderblütendolden gut ausschütteln (nicht waschen!) und mit 500 ml Weingeist in einem Glas ansetzen. Dieses gut verschließen und sechs Wochen an einem warmen Ort stehen lassen. Aus 250 g Zucker und 250 ml Wasser oder Weißwein einen Sirup kochen. Nach dem Abkühlen mit dem durchgesiebten Weingeist vermischen. In dekorative Flaschen abgefüllt, bleibt dieser feine Likör bis in den Spätherbst stehen. Erst dann schmeckt er nämlich richtig gut.

Aus Holunderblüten, Zitrone und Zucker können Sie einen Saft zubereiten, der vor allem bei Kindern sehr beliebt ist. Wird er kochend in Flaschen gefüllt, hält er den ganzen Winter.

Stachelbeergelee mit Holunderblüten

Die Blüten von vier Holunderblütendolden abstreifen und in einen Mullbeutel füllen. Aus 500 g Stachelbeeren, 500 g Zucker und 500 ml Wasser auf die übliche Weise ein Gelee kochen. Dabei die vorbereiteten Holunderblüten mitkochen. Der Mullbeutel wird erst aus dem Topf genommen, wenn der Gelierpunkt erreicht ist.

Holundersuppe

1 kg Holunderbeeren mit 125 ml Wasser oder Rotwein und 6 Gewürznelken kochen, bis diese zerfallen. Den Saft absieben, mit Zimt, Zitronensaft sowie Honig nach Geschmack abschmecken und nochmals kurz erhitzen. Er darf nicht mehr kochen.

Diese besonders feine Holundersuppe serviert man warm oder kalt mit Tupfern aus süßem Eischnee.

Holundermus

Je 500 g Holunderbeeren, 250 g entsteinte Zwetschgen und 250 g zerschnittene Birnen mit etwas Wasser, 60 g Zucker und je 1 Teelöffel Gewürznelken- und Zimtpulver erhitzen. 75 g Schwarzbrotrinde klein zerkrümeln und so lange mitkochen, bis ein festes Mus entsteht. Holundermus schmeckt zu allen Mehlspeisen oder als Nachtisch mit Schlagsahne.

Holundercreme

300 g Holunderbeeren mit wenig Wasser und der Schale einer unbehandelten Zitrone kochen, bis die Beeren zerfallen. Anschließend durch ein Sieb streichen. Den Saft (etwa 750 ml) mit 150 g Zucker zum Kochen bringen. 80 g Kartoffelmehl in 250 ml kalter Milch glatt rühren und in den kochenden Saft einlaufen lassen. Alles nochmals ganz kurz aufkochen. Gedünstete Birnen- und Apfelschnitze in Kompottschalen anrichten und mit Holundercreme übergießen. Die Creme erkalten lassen und mit Schlagsahne servieren – sie schmeckt aber auch „pur".

Pontack-Soße

In einem Steinguttopf 500 g Holunderbeeren mit 500 ml Weinessig übergießen. Den Topf über Nacht im Herd bei niedriger Temperatur (50 °C) stehen lassen. Danach die Flüssigkeit abgießen. 1 Teelöffel Salz, etwas geriebene Muskatnuss, 50 Pfefferkörner, 15 Gewürznelken, eine fein gehackte Zwiebel und etwas Ingwer dazugeben und alles 10 Minuten kochen. Die Mischung mit den Gewürzen heiß in Flaschen abfüllen und gut verschließen.

Roter Holunder
Sambucus racemosa

Der kleine Strauch des roten Holunder wird selten höher als 3 Meter. Er wächst an den Rändern von Nadelwäldern und ist häufiger im Gebirge als in der Ebene anzutreffen. Darum heißt er in manchen Gegenden auch Berg- oder Hirsch-Holunder. Die roten Beeren erntet man im September und Oktober. Nach dem ersten Frost sollte man sie allerdings den Waldvögeln überlassen.

Die Beeren des roten Holunders enthalten Vitamin A, B und C, verschiedene Obstsäuren, ätherisches Öl, Cholin und Fett. Roh darf der rote Holunder nicht gegessen werden, denn er verursacht Brechreiz. Doch lässt sich aus den Beeren eine hervorragende Husten-Marmelade kochen.

Aus rotem Holunder können Sie auch Öl gewinnen, das zum Kochen geeignet ist. Das rote Öl ist allerdings nicht jedermanns Geschmack. Dafür kochen Sie die vom Stiel gestreiften reifen Beeren 10 Minuten und lassen den Saft durch ein Tuch ablaufen. Auf der Oberfläche des Saftes setzt sich nach einigen Stunden das Holunderöl ab.

Hustenmarmelade
Die roten Holunderbeeren von den Stielen streifen und in wenig Wasser 15 Minuten kochen. Anschließend durch ein Sieb streichen und den Saft mit derselben Menge Gelierzucker 5 Minuten sprudelnd aufkochen. Die Marmelade bei geringer Hitze noch etwas weiterköcheln, bis die Gelierprobe gelingt.

Diese Hustenmarmelade nimmt man bei Erkältung und Bronchitis mehrmals täglich teelöffelweise ein. Sie schmeckt

Roter Holunder

auch gut in heißer Milch oder heißem Wasser. Selbst hartnäckiger Husten verschwindet damit in kurzer Zeit.

Huflattich
Tussilago farfara

Zu den allerersten Blüten, die im Frühling aus dem noch kahlen Boden sprießen, gehören die gelben Sterne des Huflattich, auch Brustlattich, Ackerlatsche, Rosshuf und Lette genannt. Zuerst kommen – oft schon Mitte bis Ende Februar – die Blüten. Die Blätter erscheinen vier bis sechs Wochen später, also nach der Blüte. Den Huflattich findet man vor allem auf Kahlstellen, an Weg-, Wald- und Grabenrändern. Die Blüten und Blätter enthalten viel Schleim sowie Gerbstoff, Bitterstoffe und ätherisches Öl.

Man verwendet die Blüten und Blätter frisch oder trocknet sie. Beim Trocknen der Blüten müssen Sie sehr vorsichtig sein, denn zu große Wärme zerstört schnell die Inhaltsstoffe. Die Blätter sammelt man, solange sie klein sind – etwa handgroß sind sie am besten. Als Zutat für Frühlingssalate können Sie schon die Sprossen verwenden, ebenso die Blüten und die ganz jungen Blätter.

Huflattichblätter haben keinen ausgeprägten Eigengeschmack, sie werden deshalb kaum für Gemüse verwendet. Für ein Gericht allerdings eignen sie sich schon von der Form her: für Dolmades. Dieses griechische Nationalgericht wird normalerweise mit Weinblättern zubereitet.

In erster Linie aber wird Huflattich als Heilmittel verwendet. So ist er eines der wirksamsten Naturheilmittel gegen Husten, Bronchitis und Raucherhusten, kurzum gegen die ganze Palette der Bronchialerkrankungen. Aus frischen Huflattichblättern brüht man einen Hustentee, von dem man täglich bis zu drei Tassen trinken sollte. Die Blüten verwendet man ebenfalls für Tee oder kocht einen Hustensirup daraus. Dafür lässt man die Blüten mit Wasser und braunem Zucker so lange köcheln, bis eine sirupartige Konsistenz entsteht. Ein anderer, etwas aufwändigerer Hustensirup ist auf Seite 38 beschrieben. Unsere Großeltern schworen darauf.

Dolmades

Gekochten Reis mit Knoblauch, Thymian und etwas Zitronensaft vermischen. Von den Huflattichblättern den Stiel abschneiden und die Blätter mit der

Links: Huflattich

haarigen Seite nach oben auf ein Brett legen. Auf jedes Blatt 1 Esslöffel Reismischung setzen. Die Seiten über die Füllung klappen und die Blätter zu fingerlangen Blattröllchen aufrollen. Eine beschichtete Pfanne mit Oliven- oder Sesamöl bepinseln und die Röllchen dicht an dicht einschichten. Die Röllchen bei geringer Hitze etwa 20 Minuten dünsten. Die Dolmades schmecken am besten kalt mit etwas Zitronensaft.

Johanniskraut
Hypericum perforatum

Das bis zu 1 Meter hoch werdende Johanniskraut findet man an Wegrändern, in Gebüschen, oft im Brombeergebüsch, an trockenen Feldrainen und am Waldrand. In höher gelegenen Regionen bleibt die Pflanze allerdings kleiner. Sie blüht vom Johannistag (24. Juni) bis in den September.

Dem Johanniskraut wird schon seit Urzeiten große Heilwirkungen nachgesagt. Das bezeugen auch seine vielen volkstümlichen Namen wie Christi Kreuzblut, Herrgottsblut, Wunderkraut, Gottesgnadenkraut, Fieberkraut, Hartheu. Eine Rolle bei dieser Namensgebung spielt natürlich auch die Tatsache, dass die goldgelben Blüten beim Zerreiben zwischen den Fingern einen blutroten Saft abgeben.

Johanniskraut gehört zu vielen alten ländlichen Bräuchen. So trugen die Mädchen beim Johannisfeuer Kränze aus Johanniskraut. Sie warfen die Blüten ins Wasser, um zu sehen, ob sie im kommenden Jahr heiraten würden. Die Bauern gaben ihren Tieren in der Johannisnacht Johanniskraut zu fressen, damit sie das ganze Jahr über gesund blieben.

Johanniskraut enthält ätherische Öle, die vor allem auf das Nervensystem wirken, außerdem den fettlöslichen roten Farbstoff Hypericin, Gerbstoff, Pektinsäure und Zucker.

Für Tee aus Johanniskraut werden Blüten und Blätter ohne Stängel getrocknet. Wie bei allen Tees aus Blüten geschieht dies ohne große Hitze. Johanniskrauttee gilt als eines der ältesten und besten Nervenmittel. Er regt das gesamte Nervensystem an, wirkt dabei aber beruhigend bei Depressionen, Schlafstörungen und anderen Nervenleiden. Auch Bettnässen, Menstruationsstörungen und Neuralgien werden sehr günstig von dem Tee beeinflusst. Dabei besitzt er nicht die unangenehmen Nebenwirkungen von chemischen Psychopharmaka.

Aus den reinen Blüten stellt man Johannisöl her, ein altes und bewährtes Hausmittel, das früher in keinem Haushalt fehlte. Johannisöl hilft bei allen

> **Zur Info**
>
> Wer über längere Zeit regelmäßig Tee aus Johanniskraut trinkt, sollte die pralle Sonne meiden, da es sonst zu Hautreaktionen kommen kann.

Wunden, bei Prellungen, Verbrennungen und Sonnenbrand. Vor allem Wunden heilen schnell und ohne Narben, wenn man sie mit Johannisöl behandelt. Auch alte, schlecht heilende Wunden werden nach einer Behandlung mit Johannisöl sauber und heilen einwandfrei ab. Tropfenweise eingenommen hilft Johannisöl bei Erkältungskrankheiten, Magenschmerzen und Schlafstörungen.

Johannisöl

Johannisöl herzustellen ist ganz einfach. Sammeln Sie die voll aufgeblühten Blüten. Sie müssen allerdings einzeln von der Dolde abgepflückt werden. In einer weithalsigen Flasche setzen Sie die Blüten dann mit Oliven- oder Leinöl (Leinöl hilft besser bei Verbrennungen, ist allerdings etwas zäh) an und stellen sie in die Nähe des Herdes oder an ein sonniges Fenster. Nach einiger Zeit färbt sich das Öl rot. Sie können immer wieder neue Blüten nachfüllen, bis die Flasche voll ist. Hat das Öl eine intensiv rote Farbe angenommen, filtern Sie es ab und bewahren es dunkel auf.

Echte Kamille
Matricaria chamomilla

Die Echte Kamille wächst massenhaft auf Ödland, Schuttplätzen und an anderen unwirtlichen Stellen. Wenn irgendwo

Johanniskraut

ein paar Lastwagen Erde, etwa von Baugruben, aufgehäuft werden, fasst die Kamille als eine der ersten Pionier-Pflanzen hier Fuß. Auch an Acker- und Wegrändern findet man sie häufig. Sie hat einige weniger wirkungsvolle Verwandte, beispielsweise die Strahlenlose Kamille. Doch kann sie leicht von ihnen unterschieden werden, denn nach dem Aufblühen klappen die weißen Blütenblätter der Echten Kamille nach unten, der gelbe Pollenkopf ist nach oben gewölbt. Seit alters her heißt die Echte Kamille auch Mägdeblume, Johannisköpfchen, Frauenblume und Romei. Echte Kamille ist ein altes Naturheilmittel, dessen Hauptwirkstoff ein ätherisches Öl ist, das stark entzündungshemmend wirkt. Außerdem enthält die Kamillenblüte Harz, Bitterstoffe und phosphorsaure Salze.

Verwendet werden nur die Blütenköpfe der Kamille. Man pflückt sie ab Ende Mai, wenn die Blüte beginnt. Dabei wählt man nur solche Blüten, deren Blütenblätter schon nach unten geklappt sind. Werden diese Blüten ausgebreitet an einem schattigen Platz getrocknet, fallen die weißen Blütenblätter ab. Die gelben Pollenköpfchen sind das eigentliche Heilmittel, es schadet aber nichts, wenn Sie die Blütenblätter mit verwenden. Getrocknete Kamille bewahren Sie am besten in einer Blechdose auf.

Kamille können Sie äußerlich als Aufguss und als Tee verwenden. Für den Aufguss übergießen Sie eine Tasse Kamille mit 1 Liter kochendem Wasser und lassen dies etwa 20 Minuten stehen. Man benutzt ihn für Wundkompressen oder zum Abtupfen entzündeter Stellen, etwa dem Lidrand. Spülungen mit dem Aufguss helfen bei Entzündungen des

Echte Kamille

Zahnfleisches und der Mundschleimhaut. Gegen Entzündungen des Magens trinkt man Kamillentee aus zwei Esslöffeln Kamille pro Tasse Wasser schluckweise über den Tag verteilt.

Tipp
Bei Magenschmerzen hilft eine Rollkur mit Kamillentee. Dafür trinken Sie morgens nüchtern eine Tasse Kamillentee ohne Zucker und legen sich noch einmal ins Bett. Jetzt legen Sie sich nacheinander jeweils 5 Minuten auf den Bauch, die rechte Seite, den Rücken und die linke Seite.

Kamillentee wirkt auch schweißtreibend. Dabei mischt man die Kamille zu gleichen Teilen mit Holunder- und Lindenblüten und trinkt, etwa bei Grippe, drei Tassen dieses Tees heiß. Ein altes Hausmittel, blonde Haare noch heller und leuchtender zu machen, sind Spülungen mit Kamillenaufguss nach dem Waschen.

Zum Wollefärben verwendet man die Kamille frisch. So wird die Gelbfärbung der Wolle intensiver. Bei getrockneter Kamille färbt sich die Wolle hellgelb.

Nahezu alle Heilkräuter lassen sich gleichermaßen bei Mensch und Tier anwenden. Auf die äußerliche Verwendung von Kamille bei Tieren sollten Sie allerdings verzichten. Diese verlieren an der behandelten Stelle nämlich das Fell – oft für immer.

Linde
Tilia

Große Linden gehörten früher zum Bild eines jeden Dorfes. Die Dorflinde und die Linde als Hausbaum machen deutlich, wie wichtig unseren Vorfahren dieser Baum war. Bestimmt nicht nur, weil sich unter der Dorflinde trefflich feiern ließ und der lichte Schatten des Baumes

Linde

die Häuser vor allzu großer Sommerhitze schützte. Die Blüten der Linde sind von jeher als ausgezeichnetes Mittel gegen Fieber bekannt, und Fieber setzte man früher schlicht mit Krankheit gleich. Mit einer Linde vor dem Haus glaubte man, ein Mittel gegen die meisten Krankheiten direkt vor der Haustüre zu haben. In gewisser Weise hatten unsere Vorfahren damit auch Recht.

Die Lindenblüten werden im Mai und Juni in großen Mengen geerntet und enthalten vor allem ätherisches Öl. Damit sich dieses heilsame Öl nicht verflüchtigt, dürfen sie nicht im Ofen, sondern nur im Schatten an der Luft getrocknet werden,

Heißer Lindenblütentee wird bei allen Krankheiten, bei denen starkes Schwitzen angezeigt ist, in großen Mengen getrunken. Die Wirkung verstärkt sich noch, wenn Sie ihn dafür zu gleichen Teilen mit Holunderblüten und Kamille mischen. Doch nicht nur bei fieberhaften Erkrankungen hilft ein Tee aus Lindenblüten. Auch bei manchen Hauterkrankungen kann längerer Genuss eine Umstimmung der Hautfunktion und damit eine Heilung bewirken.

Ein altes Hausmittel, das heute noch vielfach in der Tiermedizin verwendet wird, ist fein zerstoßene Holzkohle aus Lindenholz. Sie können sie selbst zubereiten, einfacher ist es jedoch, sie in der Apotheke zu kaufen. Die Holzkohle bindet andere Stoffe sehr gut. Wird sie auf eitrige und nässende Wunden gestreut, reinigen sich diese sozusagen selbst und heilen dadurch schneller ab. Lindenholzkohle nimmt man auch bei starken Blähungen ein.

Übrigens: Ein frisches Lindenblatt auf einem Butterbrot ist eine Delikatesse.

Löwenzahn
Taraxacum officinale

Im Volksmund nennt man den Löwenzahn auch Pusteblume, Kuhblume und Sonnenwirbel. Er wächst buchstäblich überall und in großen Mengen: auf Wiesen natürlich, an Wegrändern, auf Äckern, am Waldrand und zu vieler Gärtner Leidwesen im Gemüsegarten und im Rasen. Der Löwenzahn gilt als Unkraut, aber was für ein Unkraut! Es ist unklar, ob man seinen Wohlgeschmack oder seine Heilwirkung höher schätzen soll.

Löwenzahn enthält Taraxin, Inulin, Vitamine C und D, Gerbstoffe, Bitterstoff, ätherisches Öl und andere Wirkstoffe. Erntezeit für den Löwenzahn ist praktisch das ganze Jahr über, außer im Winter. Schon im zeitigen Frühjahr, nach milden Wintern etwa ab Februar, sucht man an sonnigen Stellen die jungen Löwenzahnblättchen für Löwenzahnsalat. Sie schmecken am zartesten, wenn die Knospen noch in der Blattrosette stecken. Schneiden Sie die ganze Rosette mit einem scharfen Messer knapp über dem Boden ab. Doch auch später im Sommer kann man ohne weiteres aus jungen Löwenzahnblättern Salat oder Gemüse zubereiten. Nachdem die Wiesen abgemäht sind, wächst er noch einmal nach – allerdings nur die Blätter.

Löwenzahn

> **Tipp**
> Wenn Ihnen Löwenzahl als Salat zu bitter schmeckt, legen Sie die klein geschnittenen Blätter vor dem Anrichten kurz in lauwarmes Wasser. Löwenzahn wird im Geschmack auch milder, wenn Sie den Salat bereits 30 Minuten vor dem Servieren anmachen.

Wenn Sie über einen Löwenzahnsalat noch ausgelassene Speckwürfelchen streuen – wobei allerdings das Fett in der Pfanne bleiben muss – ist das mit einem Butterbrot schon fast eine komplette Abendmahlzeit. Hart gekochte Eier, gedünstete Champignons oder in Ringe geschnittene Frühlingszwiebeln ergänzen einen Löwenzahnsalat harmonisch. Ausgezeichnet passt Löwenzahn zu allen herkömmlichen Gartensalaten, die im Frühjahr bestenfalls aus dem Gewächshaus kommen und die bekanntlich keinen sehr ausgeprägten Eigengeschmack haben. In Baden mischt man klein geschnittenen Löwenzahn unter den Kartoffelsalat. In Frankreich und Italien bedeckt man den Löwenzahn, der dort oft im Garten angebaut wird, locker mit Erde oder mit einem Brett.

Darunter bleiben die Blätter gelb und ganz zart. Aus dem Mittelalter stammt eine besondere Konservierungsmethode: Im Herbst werden die ganzen Pflanzen mit einem Stück Wurzel ausgegraben und im kühlen Keller in Erde eingeschlagen. So bleiben sie lange frisch.

Im Mai und Juni blüht der Löwenzahn. Aus den gelben Blüten können Sie Löwenzahnhonig zubereiten, der ausgezeichnet aufs Butterbrot schmeckt und dazu noch ein hervorragendes und bewährtes Hustenmittel ist.

Auch die Wurzeln des Löwenzahn können Sie verwenden. Man bereitet daraus Tee oder Saft, doch auch als Gemüse sind sie schmackhaft. Sogar Ersatzkaffee lässt sich daraus herstellen, der recht kräftig schmeckt. Dafür werden die Wurzeln nach der Blüte ausgegraben, dann sind sie nämlich am größten. Sie werden sauber gewaschen und an der Luft getrocknet. Dann schneidet man sie in handliche Stücke und röstet sie in einer Eisenpfanne ohne Fett. Die gerösteten Stücke werden mit einer Handkaffeemühle gemahlen.

Löwenzahn ist nicht nur eine wohlschmeckende und vielseitig verwendbare Küchenpflanze, sondern auch als Heilpflanze überaus wertvoll. Seine vielen Wirkstoffe, die sich gegenseitig noch verstärken, wirken anregend auf alle Körperdrüsen, vor allem auf die Bauchspeicheldrüse. Sogar Diabetes soll sich durch den Verzehr von zehn Stängeln Löwenzahn täglich bessern. Der Grund dafür ist vor allem der milchige Saft der Pflanze, der viel Inulin (nicht Insulin!) enthält. Auch die Muskulatur des Magen-Darm-Traktes wird durch frischen Löwenzahn kräftig angeregt. Leber und Galle funktionieren besser, die Nieren scheiden vermehrt Wasser aus, der Blutdruck wird gesenkt. Löwenzahn eignet sich also hervorragend für eine Blutreinigungskur, zumal durch die allgemeine Entschlackung auch Rheuma, Gicht, Fettsucht sowie Verkalkung gelindert werden.

Wer unter einer verschleppten Grippe und chronischem Husten leidet, kann mit einer Löwenzahnkur die Drüsen der Luftwege anregen. Der zähe Schleim löst sich bald, und der Husten verschwindet. Ein Hustensirup ist auf Seite 37 beschrieben. Es empfiehlt sich allerdings, von einem Arzt feststellen zu lassen, ob es sich wirklich nur um eine verschleppte Grippe handelt oder ob eine ernstere Krankheit vorliegt.

Eine Frühlingskur mit Löwenzahn ist ganz einfach. Man isst so viel frischen Löwenzahnsalat wie möglich. Zusätzlich stellt mit dem Haushaltsentsafter noch Löwenzahnsaft her und nimmt ihn esslöffelweise ein.

Für den Winter trocknet man Löwenzahnblätter und -wurzeln. Die Wurzeln werden gewaschen, in halbzentimeterlange Stücke geschnitten und gesondert von den Blättern getrocknet. Sind Wurzeln und Blätter trocken, werden sie gemischt und in einer Blechbüchse aufbewahrt. Trinken Sie im Winter täglich eine Tasse Löwenzahntee. Dafür wird ein Esslöffel Tee kurz in einer Tasse Wasser aufgekocht. So erzielen Sie denselben Erfolg wie mit frischem Saft.

Löwenzahnhonig

Zwei große Hände voll aufgeblühte Löwenzahnblüten in 1 Liter Wasser etwa 15 Minuten kochen. Inzwischen in einer Eisenpfanne 1 kg Zucker braun rösten. Anschließend den Löwenzahnsud durch ein Sieb in den Zucker gießen und so lange köcheln, bis ein dickflüssiger Honig entsteht. Je schneller das geht, desto besser bleibt das Aroma erhalten. Löwenzahnhonig deshalb am besten in einer großen, flachen Pfanne zubereiten.

Löwenzahngelee

Drei Hand voll Löwenzahnblüten in 1 Liter Wasser so lange bei kleiner Hitze kochen, bis das Wasser sich gelb färbt. Den Sud durch ein Mulltuch abgießen, 500 g Zucker zufügen und 30 Minuten zu Gelee einkochen. In Schraubgläser gefüllt ist dieses Gelee lange haltbar.

Gemüse aus Löwenzahnwurzeln

Frische Löwenzahnwurzeln waschen, abschaben, in etwa 3 cm lange Stücke schneiden und in Salzwasser bissfest kochen. Das Wasser abgießen, die Wurzelstücke mit Küchenpapier trockentupfen und nacheinander in Mehl, verquirltem Ei und Semmelbröseln wenden. Die panierten Wurzelstücke in viel heißem Fett ausbacken. Mit Zitronensaft beträufelt servieren.

Wilde Malve
Malva sylvestris

Man findet die Wilde Malve in ganz Europa vor allem an Wegrändern, Zäunen, Mauern und auf Schuttplätzen, aber immer in der Nähe von menschlichen Behausungen. Wächst sie im freien Gelände, kann man sicher sein, dass sich hier einmal eine menschliche Ansiedlung befand. Die Malve blüht von Mai bis in den September und kann während dieser Zeit immer frisch geerntet werden. Zum

Trocknen allerdings sollten Sie Blüten und Blätter in den heißen Sommermonaten Juni und Juli pflücken, dann entfaltet sich das Aroma am besten.

Die Malve ist Bestandteil vieler Tees, die sie verbessert. Sie können aber auch reinen Malventee bereiten. Dafür werden die Blätter und Blüten getrocknet oder, besser, frisch verwendet. Beim Trocknen geht nämlich ein Teil des natürlichen Schleimgehaltes verloren. Die frische Pflanze setzt man kalt über Nacht an, um ihre Wirkung voll zu erhalten.

Die jungen Triebe der Malve vor der Blüte passen sehr gut in verschiedene Gemüse und Salate.

Die Wilde Malve mit ihren schönen zartrosa Blüten enthält, wie übrigens auch ihre kleinere Verwandte, die „Käsepappel", in erster Linie Stoffe,

Wilde Malve

welche die Schleimhäute vor äußeren Reizungen schützen. Man verwendet sie also bei allen Entzündungen der Schleimhäute im Magen-Darm-Bereich, im Bronchial- und Lungen-Bereich sowie bei Mundschleimhautentzündungen. Unterstützt wird die entzündungshemmende Wirkung des Schleims durch Gerbsäure.

Melokhia

Ein ägyptisches Nationalgericht ist Melokhia, eine Suppe aus Malvenblättern. Dafür 500 g Malvenblätter im Mixer zerkleinern und in 2 Liter Fleischbrühe kochen. Diese Malvenbrühe mit kurz in Olivenöl angebratenen Knoblauchzehen, Koriander, Pfeffer und Salz würzen. Mit kleinen Hackfleischbällchen wird die Suppe zur Hauptmahlzeit.

Pfefferminze
Mentha spicata

Pfefferminze findet man seit einiger Zeit wieder häufiger auf Wiesen, die nicht stark oder nur auf natürliche Weise gedüngt werden. Der Kunstdünger hatte sie fast ausgerottet. Auch an Böschungen und Straßenrändern kann man sie antreffen. An zu stark befahrenen Straßen sollten Sie sie aber stehen lassen. Man erkennt die wilde Pfefferminze, auch Bocksbalsam oder Katzenkraut genannt, im Zweifelsfall an dem starken Minzgeruch, den die Blätter beim Zerreiben verströmen. Sie ähnelt nur wenig der Garten-Pfefferminze, denn sie hat hellere und kleinere Blätter und Blüten.
Übrigens: Wenn Sie keine wilde Pfefferminze in den Wiesen finden, können Sie genauso gut Wasserminze *(Mentha*

aquatica) verwenden, die etwas weiter verbreitet ist. Sie wächst am Ufern von Bächen und Wassergräben. Ihre Blätter sind kleiner, die Blüten stehen dichter und sind kugelig.

Pfefferminze enthält in erster Linie Menthol, dazu eisengründenden Gerbstoff, Bitterstoffe und Fermente.

Früher wie heute gilt die Pfefferminze als Allheilmittel, wobei die Hauptwirkung auf den hohen Mentholgehalt zurückgeführt wird. Pfefferminze wirkt entzündungshemmend, keimtötend, krampflösend, schmerzstillend und gallentreibend. Sie regt das Gefäß- und Atemzentrum an, beruhigt die Nerven, hilft gegen Schlaflosigkeit und Kopfschmerzen bei Magenverstimmungen und Koliken. Bei sehr schmerzhafter Menstruation hilft ein Tee aus gleichen Teilen Minze, Kamille und Melisse. Pfefferminztee wird aus zwei Teelöffeln Minze auf eine Tasse Wasser zubereitet. Er sollte nicht länger als 10 Minuten ziehen. Pfefferminze wird in Sträußen an einem schattigen Platz getrocknet. Die Blätter streift man erst nach dem Trocknen von den Stängeln.

Achtung
Pfefferminztee ist kein Tee für jeden Tag. Bei Gewöhnung lässt die Wirkung nach, und zudem können bei entsprechender Empfindlichkeit Magenschmerzen auftreten.

Wenn Pfefferminze auch als Heilpflanze gilt, in der Küche ist sie ein Gewinn. Englische Minzsoße zu Lammfleisch zum Beispiel ist eine Delikatesse.

Minzsoße

3 Esslöffel Zucker in 250 ml Wasser aufkochen. Den Topf vom Herd nehmen und zwei Hände voll klein geschnittener Minzeblätter und 125 ml Essig zugeben. Die Soße gut durchziehen lassen.

Minzgelee

Eine große Hand voll Minzeblätter im Mörser zerstoßen. Mit 2 Esslöffeln Zucker und vermischen und mit zwei Schnapsgläsern Weingeist übergießen. Diese Mischung 3 Stunden lang stehen lassen.

Dann 500 g Gelierzucker (2:1) in 1 Liter Weißwein zum Kochen bringen. Die Zuckerlösung vom Herd nehmen und die Minzessenz unterrühren. Das Gelee heiß in Gläser füllen und verschließen.

Pfefferminz-Flammeri

Einen normalen Grießbrei zubereiten und eine Hand voll fein gehackter Pfefferminzblätter unterziehen. Den Brei in eine kalt ausgespülte Form gießen und nach dem Erkalten stürzen. Mit etwas Schlagsahne servieren.

Pfefferminz-Likör

Etwa 15 Stängel Pfefferminze gründlich waschen, grob zerschneiden und in einen Krug oder ein großes Gurkenglas geben. Mit 1 Liter Weingeist übergießen, das Glas oder den Krug fest verschließen und zwei Wochen durchziehen lassen.

Zwei Tage vor der Weiterverarbeitung die geriebene Schale einer unbehandelten Zitrone zufügen. 1 kg Zucker mit 1 Liter Wasser zu Sirup kochen und in den Kräuter-Weingeist-Extrakt rühren. Die Mischung abgedeckt über Nacht stehen lassen. Danach durch ein Mull-

Pfefferminze

tuch abgießen und in Flaschen füllen. Den fertigen Pfefferminz-Likör nochmals zwei Monate durchziehen lassen, bevor er getrunken werden kann.

An heißen Sommertagen gibt es kaum etwas Erfrischenderes als ein kaltes Pfefferminzgetränk (Seite 18).
Die Zubereitung eines Magenbitters beschreibt ein englisches Haushaltsbuch von 1620:

Magenbitter

Eine Hand voll Minzeblätter, je 1 Unze (1 Unze entspricht etwa 1 Teelöffel) Anissamen, Koriander, Fenchel und Kümmel zerrieben in einen Topf geben. Mit einer Flasche Branntwein übergießen und über Nacht stehen lassen.

Rotklee *Trifolium pratense*

Rotklee ist keine eigentliche Wildpflanze, sondern eine Kulturpflanze, die auf Wiesen und Weiden angesät wird und sich gern darüber hinaus verbreitet.

Rotklee können Sie sehr gut in der Küche verwenden, er schmeckt als Salat und als junges Gemüse. Aus Blättern und Blüten können Sie selbst einen wohlschmeckenden Haustee zubereiten. Allerdings erntet man dafür die Pflanze jung, nicht erst, wenn sie schon eine stattliche Höhe erreicht und einen harten Blütenstängel hat. Die ab Juni gesammelten jungen Kleeblätter und -blüten werden an einem warmen, schattigen Platz getrocknet.

Für Kleehonig kocht man die Blütenköpfe etwa 20 Minuten in Wasser, siebt die gewonnene Flüssigkeit ab und kocht sie mit braunem Zucker zu einer honigartigen Flüssigkeit ein. Dieser Honig schmeckt auf Brot ebenso gut wie in Tee – in Kleeblättertee. Ebenso wie Rotklee können Sie auch den weißen Klee verwenden. Seine Blüten sind allerdings kleiner und nicht so wohlschmeckend.

Sauerampfer *Rumex acetosa*

Sauerampfer, auch Roter Heinrich, Roter Ritter und Ochsenzunge genannt, findet man oft schon Mitte März auf feuchten Wiesen und Weiden. Kein Kind, das nicht im Frühjahr mit Begeisterung frische Sauerampferblätter isst. Die französische Küche hat sich die erfrischend säuerliche Pflanze ganz offiziell einverleibt, Sauerampfer wird in Frankreich sogar in Gärten angepflanzt und von den berühmtesten Köchen verwendet.

Hauptbestandteile des Sauerampfers sind Oxalsäure und Vitamin C. Die Oxalsäure bewirkt bei empfindlichen Menschen Nierenstörungen, darum sollte Sauerampfer nicht in großen Mengen verzehrt werden. Das Vitamin C aber wirkt gerade im zeitigen Frühjahr dem Vitaminmangel des frühjahrsmüden Menschen entgegen. Man muss also einen Kompromiss finden, zum Beispiel indem man Sauerampfer als Suppe oder Soße zubereitet. Durch das Kochen nämlich wird die unerwünschte Oxalsäure abgebaut, allerdings auch ein Großteil des Vitamin C.

Sauerampfersoßen schmecken zu Wild, Fleisch und Fisch, aber auch zu gekochten Eiern. Am einfachsten zuzubereiten ist die rohe Sauerampfersoße.

Junger Sauerampfer schmeckt hervorragend zu allen Wildpflanzensalaten, zu jedem Gartensalat und zu Kartoffelsalat. Sie dürfen allerdings nicht zu viel Sauerampfer in den Salat geben, sonst „erschlägt" er den Geschmack der anderen Zutaten. Auch zu Kartoffel-, Linsen- und Bohnensuppe schmeckt klein geschnittener Sauerampfer.

Rotklee

Tipp
Bei kleinen Verletzungen, Schnitt-
wunden, Abschürfungen und Ver-
brennungen legen Sie zerriebene
Sauerampferblätter auf die verletzte
Stelle. Das kühlt und heilt.

Sauerampfer

Sauerampfersuppe
Sauerampfersuppe ist eine Delikatesse.
Dafür die jungen Blätter waschen und
die Stiele abschneiden. Den Sauerampfer grob hacken und kurz in Butter andünsten. Mit etwas Mehl bestäuben und
Fleisch- oder Hühnerbrühe angießen.
Die Suppe 15 Minuten ziehen lassen.
Zuletzt mit Salz, einer Prise Zucker
und nach Geschmack etwas Muskat
abschmecken. Kurz vor dem Servieren
einige Löffel Sauerrahm oder ein ver-
quirltes Eigelb in die Suppe rühren.

Rohe Sauerampfersoße
Junge Sauerampferblätter klein schneiden und im Mörser zerstoßen. Anschließend mit etwas Zucker und Essig
verrühren.

Französische Sauerampfersoße
Junge Sauerampferblätter sehr fein
schneiden und mit 1 Teelöffel Butter zu
Püree dünsten. 125 ml Sahne im Wasserbad erwärmen (sonst gerinnt sie) und
langsam unter das Püree rühren. Die so
entstandene Paste mit dem Kochsud
des Gerichtes verdünnen, zu dem die
Soße serviert wird.

Englische Sauerampfersoße
Sauerampferblätter, reichlich Zwiebeln
und etwas Rosmarin zerkleinern und
in wenig Butter andünsten. Sobald sie
zusammengefallen sind, mit Mehl
bestäuben und mit Fleischbrühe oder
etwas Wasser aufgießen. Die Sauerampfersoße mit Semmelbröseln binden und
mit Sahne und Eigelb verfeinern.

Sauerampferpüree als Füllung
Sauerampferpüree passt gut als Füllung
in dünne Pfannkuchen. Dafür Sauerampferblätter etwa 5 Minuten in Salzwasser kochen, dann abgießen. Das Gemüse durch den Fleischwolf drehen oder
durch ein grobes Sieb passieren. Das
Püree in flüssiger (nicht heißer) Butter
andünsten. 125 g Sauerrahm und zwei
mit Milch verquirlte Eigelb unterziehen
und kurz erhitzen.

Sauerklee

Sauerklee
Oxalis acetosella

In lichten Laubwäldern, aber auch in Fichtenwäldern, die noch einen Bewuchs unter den Bäumen haben, findet man oft ganze Teppiche des hellgrünen Wald-Sauerklees. Diese Pflanze hat eine seltsame Eigenart: Bei Erschütterung oder starker Beschattung klappt sie ihre kleeförmigen Blättchen ganz nach unten. Das nennt man Schlafstellung.

Sauerklee enthält Vitamin C und sehr viel Oxalsäure. Daher auch sein säuerlich-frischer Geschmack.

Sauerklee wird nur frisch genossen. Wenn er welk wird oder durch Frost abstirbt, wird er braun und ungenießbar.

Darum eignet er sich auch nicht zum Trocknen. Im Frühjahr und Frühsommer ist er besonders schmackhaft. Wanderer pflücken gern ein Sträußchen und essen es gegen den Durst.

So lecker Sauerklee auch schmeckt, essen Sie nie zu große Mengen. Die darin enthaltene Oxalsäure fördert die Bildung von Nieren- und Gallensteinen. In frischen Frühlingssalaten jedoch schmeckt Sauerklee ausgezeichnet. Eine Hand voll in einer Schüssel Salat ist gerade richtig. Zu viel würde den Eigengeschmack des Salates verdecken. Besonders gut passt Sauerklee zu Tomatensalat.

Auch für grüne Soßen und Majonäsen können Sie kleine Mengen Sauerklee verwenden. Diese Soßen müssen kalt

Schafgarbe

gerührt sein, denn durch Kochen verliert der Sauerklee seinen Geschmack.

Fischbutter

Eine Hand voll Sauerkleeblätter in einem Mörser gut zerreiben und unter zimmerwarme, leicht gesalzene Butter mischen. Diese Fischbutter ist vor allem zu Forellen ein Genuss.

Schafgarbe
Achillea millefolium

Die heilkräftige Schafgarbe findet man fast überall: auf Wiesen und Viehweiden, an Feldrainen und Ackerrändern. Mancherorts heißt sie auch Tausendblatt, Garben- oder Grillenkraut. Sie blüht von Juli bis zum ersten Frost. Der Hauptbestandteil der Schafgarbe ist ein sehr wirksames ätherisches Öl, dazu kommen Aconitsäure, Gerbstoff, Harz und Inulin.

Vor der Blüte im Frühjahr sammelt man die zarten gefiederten und sehr aromatischen Blättchen als Zutat für Wildgemüse und Salate. Verwenden Sie jedoch nicht zu viele davon, sonst sticht ihr Geschmack zu stark hervor. Für ein Gemüse, wofür sich auch ältere Blätter eignen, kochen Sie die Schafgarbe 20 Minuten, gießen das Kochwasser ab und bereiten eine helle Mehlschwitze dazu.

In erster Linie ist die Schafgarbe allerdings ein Heilkraut. Ihre heilende Wirkung ist seit alters her bekannt. Man nimmt Schafgarbe als Tee ein oder bereitet einen noch wirksameren frischen Presssaft aus ganzen Pflanzen, den man mit Wasser verdünnt trinkt. Schafgarbe wirkt anregend auf den Stoffwechsel, ist also wie viele Wildpflanzen ein hervorragendes Blutreinigungsmittel. Der Genuss von dreimal täglich einer Tasse Schafgarbentee steigert die Harnabsonderung, ohne die Nieren zu reizen. Auch auf Magen, Darm und Galle wirkt die Schafgarbe krampflösend, dasselbe gilt bei Menstruationsstörungen. Monatsschmerzen verschwinden nach dem Genuss einer Tasse Schafgarbentee schnell. Jungen Mädchen, deren Periode noch unregelmäßig ist, empfiehlt sich eine mehrwöchige Kur mit Schafgarbentee. Die krampflösende und durchblutungsfördernde Pflanze bringt alles bald in die Reihe. Auch der Kreislauf profitiert von der Schafgarbe, weil sie das Herz unterstützt.

Wildkräutersuppe

Für eine Wildkräutersuppe kombiniert man Löwenzahn, Sauerampfer, Brunnenkresse, junge Schafgarbenblätter und frischen Spinat zu gleichen Teilen. Die klein geschnittenen Kräuter etwa 10 Minuten in leicht gesalzenem Wasser kochen. Dann durch ein Sieb streichen oder durch eine Kartoffelpresse drücken. 125 ml Sahne und ein Eigelb verquirlen

und in die Suppe rühren. Diese pikante Suppe braucht keine weiteren Gewürze mehr. Mit kross gerösteten Brotwürfeln oder in Scheiben geschnittenen Würstchen servieren.

Meerrettich-Schafgarben-Soße

Zu herkömmlicher Meerrettichsoße schmecken Schafgarbenblätter besonders pikant. Dafür 1 Esslöffel geriebenen Meerrettich und 1 Teelöffel fein geschnittene junge Schafgarbeblättchen vermischen. 125 ml Milch unterrühren und die Soße mit Essig, Salz und einer Prise Zucker würzen.

Schlehe
Prunus spinosa

Die Schlehe, auch Schwarzdorn genannt, ist die Vorfahrin all unserer Pflaumen und Zwetschgen. Sie wird schon seit Jahrtausenden vom Menschen als Nahrungsmittel geschätzt. Bei Ausgrabungen aus der Jungsteinzeit fand man ganze Karrenladungen von Schlehenkernen. Die dornigen Schlehenbüsche wachsen an Waldrändern und in Feldgehölzen, auf Ödland und an Böschungen. Die kleinen, weißen Blüten des Schwarzdorn, wie die Schlehe auch genannt wird, enthalten ein Cumarinderivat und sind eines der ältesten bekannten Volksheilmittel überhaupt. Die blauen Beeren enthalten Gerbstoffe, organische Säuren, Vitamin C und Zucker.

Der Strauch blüht im April, bevor sich seine Blätter entfalten. Man streift dann die Blüten sorgsam von den Zweigen und sortiert alle Knospen und kleinen Blättchen heraus. Die Blüten werden sehr sorgsam auf Hurden getrocknet,

Schlehenblüte

die man am besten mit Gaze bespannt. Bei nassem Wetter – im Frühjahr keine Seltenheit – trocknet man die Schlehenblüten in einem warmen Raum, aber niemals im Backofen.

Ein Tee aus diesen Blüten (ein Teelöffel Blüten auf eine Tasse Wasser) wirkt mild, aber nachhaltig abführend, vor allem dann, wenn der Körper sich bereits an Abführmittel gewöhnt hat und diese nicht mehr wirken. Dieser krampflösende und schmerzstillende Tee hilft auch bei schmerzhaften Verstopfungen und bei Darmkrämpfen, die ja oft mit Darmstörungen einhergehen.

Die Beeren werden im Herbst ziemlich spät reif, je nach Lage sogar erst Ende Oktober. Man sammelt sie aber ohnehin erst nach den ersten Nachtfrösten. Durch den Frost verlieren sie ihre Säure, werden süßer und geben mehr Saft ab. Will sich in einem Jahr mal partout kein

Frost einstellen, hilft man der Natur einfach nach und legt die Schlehen vor der Weiterverarbeitung zwei Tage in das Gefrierfach des Kühlschranks oder in die Kühltruhe.

Schlehen können Sie auf vielerlei Art verarbeiten. Am bekanntesten sind wohl Schlehenlikör (Seite 25) und Schlehenwein (Seite 27). Beim Zerdrücken der Schlehen für Wein und Likör müssen Sie darauf achten, dass die Kerne nicht verletzt werden, denn sie enthalten, wie alle Steinobstkerne, Blausäure.

Tipp
Unbedingt ausprobieren sollten Sie die Zubereitung von Marmelade aus Schlehen. Dabei mildern Sie die Säure der Schlehenbeeren am besten mit Birnen oder Äpfeln.

93

Schlehen

Schlehen-Gin

Schlehen-Gin ist eine Variation zum Schlehenlikör. Dafür die Schlehen mit derselben Menge Zucker in Flaschen füllen. Diese dürfen gerade halb voll sein. Die Flaschen dann mit Gin auffüllen, gut verschließen und zwei Monate lagern. Während dieser Zeit einmal pro Woche gut durchgeschütteln. Das feurige, dunkelrote Getränk ist gerade zu Weihnachten fertig. Es hat einen frischen Geschmack, und die mit Gin vollgesaugten Beeren kann man essen.

Schlehensaft

Schlehensaft stellen Sie am besten mit dem Dampfentsafter her. Diesen Saft können Sie bei Bedarf wie Glühwein zubereiten – also mit heißem Zuckerwasser, Zimt und Gewürznelken.

Schlehenmarmelade

1 kg Schlehen mit etwas Wasser weich kochen und durch ein Sieb streichen. So bleiben die Kerne zurück. Den so gewonnenen Saft nach Vorschrift mit Gelierzucker und mit 250 ml Birnensaft oder 250 g Apfelmus vermischen. Alles zu Gelee kochen. Das Gelee schmeckt allen gut, die es eher herb mögen.

Schlehen süßsauer

500 g Schlehen, 125 ml Essig, 250 ml Wasser, 250 g Zucker sowie etwas Zimt und Gewürznelken bei schwacher Hitze kochen. Die Mischung etwas abkühlen lassen und den Saft abgießen. Diesen etwas einkochen lassen und wieder über die Schlehen gießen. Dieses Verfahren insgesamt dreimal wiederholen, bis der Saft ziemlich dickflüssig ist.

Die süßsauren Schlehen zuletzt in Schraubgläser füllen. Als Variante kann Honig statt Zucker verwendet werden. Die süßsauer eingelegten Schlehen passen perfekt zu Wild und Rindfleisch.

Steinklee
Melilotus officinalis

Der Steinklee hat viele Namen. So nennt der Volksmund ihn auch Mottenklee, Honigklee, Bärenklee, Goldklee oder Meliote. Man findet die oft über 1 Meter hohe Pflanze an trockenen Standorten, an Mauern und Wegrändern, auch auf Schuttplätzen und in Weinbergen. Die Blüten sind weiß oder gelb und immer von vielen Bienen besucht.

Steinklee enthält ein ätherisches Öl und Cumarin. Da Cumarin in größeren Dosen giftig ist und zu Kopfschmerzen und Erbrechen führt, sollte die Pflanze nicht von Laien als Naturmedizin benützt werden.

Steinklee hat aber eine ganz besondere Wirkung: Er vertreibt zuverlässig die Motten aus den Schränken und hält sie davon fern. Schon unsere Großmütter wussten, dass Wäsche und Kleidungsstücke vor dem ungebetenen Ungeziefer geschützt sind, wenn man einen Strauß Steinklee in Schränken und Schubladen aufbewahrt.

Der Steinklee blüht von Juni bis August. In dieser Zeit schneidet man die blühenden Teile etwa 30 cm lang ab und bindet sie zu kleinen Sträußen, die man auf dem luftigen, schattigen Dachboden trocknet. Wenn Sie den Steinklee in der Sonne trocknen, wird er braun und verliert seine Wirkung. Der getrocknete Steinklee muss die Farbe der frischen

Pflanze behalten. Dann duften die Blüten bald fein nach Waldmeister – sie enthalten ja auch denselben Wirkstoff, das Cumarin. Diese Steinkleesträuße hängen Sie in die Schränke zwischen die Kleider. Für die Schubladen nähen Sie kleine Beutelchen aus Mull und füllen sie mit zerriebenem Steinklee, den Sie einfach von den Stängeln streifen. Steinklee im Schrank duftet sehr viel angenehmer als Mottenkugeln, hat aber dieselbe Wirkung.

> **Tipp**
> Wie den Echten Steinklee können Sie auch den Hohen Steinklee *(Melilotus altissima)* verwenden. Er sieht ähnlich aus, wächst aber noch höher. Sie finden ihn vor allem an feuchten Standorten.

Steinklee

Schlüsselblume

Schlüsselblume
Primula veris

Die Schlüsselblume, auch Himmels-
schlüssel genannt, ist eine der allerersten Frühlingsblumen. Sie blüht schon
Ende März bis Mitte April in lichten
Laubwäldern, auf feuchten Wiesen und
an Bächen.

Die Schlüsselblume enthält viel
Saponin, Flavonoide und ätherisches Öl.
In der Wurzel stecken noch weitere
Wirkstoffe, doch sollte sie von Laien
nicht verwendet werden. Ihre Inhaltsstoffe gehören in die fachkundigen
Hände von Apothekern. Auch ausgraben
darf man diese auffallenden Pflanzen
nicht, denn sie sind in der „Roten Liste
der Pflanzen" als schonungsbedürftig
eingestuft.

Blätter und Blüten der Schlüsselblume
aber verwendet man in der Wildpflan-
zenküche zusammen mit anderen Wildkräutern. Als Salat harmonieren die
Blätter sehr gut mit jungem Löwenzahn,
den Sie gleichzeitig ernten können. Die
Blüten mischen Sie ebenfalls unter den
Salat. Für eine Frühlingssuppe verwenden Sie Schlüsselblumenblätter zusammen mit Brennnesseln, jungem Sauerampfer und einer Prise Gundermann.

Zur Info
Viele Gartenbesitzer meinen, sich
die schönen Pflanzen in ihren Garten
holen zu müssen. Sie gedeihen auch
recht gut im Hausgarten. Doch ist
jede Pflanze, die Sie ausgraben oder
verpflanzen, für die Natur verloren.
Es gibt andere Frühlingsblüher, die im
Garten ebenso schön sind. Schützen
Sie diese gefährdete Pflanze lieber.

Als Naturarznei ist die Schlüsselblume
recht interessant. Durch ihren Saponin-
gehalt stimuliert sie die Drüsen im
ganzen Körper. Dabei wirkt sie vor allem
auf die Bronchialdrüsen. Eine Abkochung aus zwei Teelöffeln frischen oder
getrockneten Blüten auf eine Tasse Wasser bei 10 Minuten Kochzeit löst hartnä-
ckigen Husten. Zusammen mit Baldrian
und Hopfen wirken die gelben Blüten
der Schlüsselblume auch als natürliches
unschädliches Schlafmittel. Eine Tasse
Schlüsselblumentee mit Honig am
Abend ersetzt in fast allen Fällen chemische Schlafmittel. Halten Sie es wie
unsere Großeltern: Sie pflückten im
Frühjahr die Schlüsselblume nicht nur
als Schmuck für den Ostertisch, sondern

trockneten auch ein Säckchen davon sorgsam im Schatten. Die getrockneten Blüten verwendeten sie das ganze Jahr als Husten- und Beruhigungsmittel.

Schlüsselblumenessig
Eine Hand voll Blüten mit 1 Liter Essig ansetzen und zwei Wochen an einem warmen Platz stehen lassen. Das Ergebnis ist ein besonders feiner, duftiger Essig für alle Wildkräutersalate.

Tanne und Fichte
Abies alba, Picea abies

Fichten, auch Rottannen genannt, und Tannen sind in jedem Nadelwald bis auf 2000 Meter Höhe zu finden. Aus ihrem Harz gewinnt man Terpentinöl, doch das sei den Fachleuten überlassen. Für den Naturfreund und -koch ist von Bedeutung, dass die jungen Triebe der Fichte reichlich Vitamin C enthalten. Darum wurden sie schon früher gerne als Tee oder als Tannenspitzenhonig gegen die leidige Frühjahrsmüdigkeit verwendet. Dieser „Honig" ist außerdem ein wirksames Hustenmittel. Er schmeckt auch ausgezeichnet in Tee oder als Brotaufstrich, weil er seinen feinen Harzgeschmack behält. Tannenspitzenhonig ist einfach herzustellen. Obwohl Sie zur Zubereitung von Honig, Likör und Tee nur wenige der aromatischen, hellgrünen Triebe brauchen, sollten Sie sie nicht gedankenlos sammeln. Nehmen Sie von jedem Baum nur wenige Triebe und beschränken Sie sich auf die untersten Zweige. Einen Aufguss aus jungen Tannenzweigen – dabei dürfen die Triebe ruhig ein bisschen länger sein – können Sie dem Badewasser zusetzen. So ein Bad wirkt hautreizend, also durchblutungsfördernd, und gleichzeitig nervenberuhigend.

Tannenspitzenhonig
Drei Hände voll junge, grüne Triebe in einem Topf gerade mit Wasser bedecken und dreimal aufkochen lassen. Diesen Sud drei Tage lang in einen kühlen

Tannenspitzenhonig ist kein echter Honig, aber ein wohlschmeckender Brotaufstrich.

Tannenspitze

Taubnessel

Raum stellen (nicht in den Kühlschrank). Danach absieben und mit derselben Menge Kandiszucker dick einkochen. Wer's gerne „harzig" mag, fügt 1 Msp. Tannenharz zu.

Likör von Tannenspitzen

Eine Hand voll Tannenspitzen sauber waschen und trocken tupfen. Dann mit einer Flasche Gin und 150 g nicht zu grobem Kandiszucker in eine weithalsige Flasche füllen. Diese gut verschließen und drei Monate durchziehen lassen. Dabei gelegentlich schütteln. Den Likör anschließend durch ein doppelt gelegtes Mulltuch oder einen Kaffeefilter gießen, in Flaschen füllen und nochmals mindestens drei Monate lagern. Nach Wunsch auch zwei Tropfen Harz zum Tannenspitzenlikör geben.

Taubnessel
Lamium album

Man findet die Taubnessel als Unkraut im Garten, in Gebüschen, an Wiesenrändern sowie in der Nähe von Mauern und Zäunen. Als Kind hat wohl jeder schon den süßen Nektar aus den weißen Blütentrompeten gesaugt. Der Volksmund nennt die Pflanze deshalb auch Saugblume, Bienensaug und Honigblume.

Die weiße Taubnessel blüht ab Mai. Jetzt wird sie auch geerntet, denn die Wirkstoffe – Gerbstoffe, ätherisches Öl, Saponin – stecken vor allem in der Blüte. Die Taubnessel muss bei trockenem sonnigen Wetter gesammelt werden. Man schneidet die blühenden Teile der Pflanze ab und trocknet sie sorgsam im Schatten. Ist die Pflanze getrocknet, lassen sich die Blüten und die kleinen Blättchen dazwischen leicht vom Stiel streifen.

Die Taubnessel wurde schon immer als ein wirksames Mittel gegen Menstruationsstörungen verwendet. Dreimal täglich ein Aufguss aus zwei Teelöffeln getrockneten oder frischen Blüten und Blättchen helfen bei unregelmäßiger und schmerzhafter Monatsblutung, sind aber auch blutstillend bei zu starker Menstruation. Ein Tee aus Taubnessel hilft ebenfalls bei Harnverhalten. Früher trank man den Tee auch bei Nervosität und Schlafstörungen. Bei kleinen Brandwunden und leichten Verletzungen legt man zerdrückte Taubnesselblätter auf die Wunde, das lindert die Schmerzen schnell.

> **Tipp**
> Die Blätter der Taubnessel schmecken ähnlich wie Spinat. Sie können sie also in allen Arten von Wildgemüsen und auch für Salate verwenden.

Feld-Thymian
Thymus pulegioides

Feld-Thymian heißt auch Quendel, Wurstkraut, Marienbettstroh, Hühnerklee und Frauenkraut. Zu finden ist der wilde Thymian in ganz Mitteleuropa, wobei die Pflanze in den Mittelmeerländern aromatischer ist als in unseren Breiten. In Deutschland wächst der wilde Thymian auf trockenen Wiesen, an Wegrändern, mitten auf Waldwegen, auf sandigen und steinigen Böden und an Böschungen. Die kleine Pflanze mit den rosa Blüten ist oft im Gras versteckt und nur durch ihren intensiven Duft auszumachen. Sie kann aber auch in Kolonien ganze Flächen überziehen.

Feld-Thymian können Sie völlig problemlos in Ihr Kräuterbeet im Garten einpflanzen. Er wächst auf jedem Boden gut an und vermehrt sich schnell.

Thymian enthält bis zu 2,4 Prozent ätherisches Öl, dessen Hauptbestandteil Thymol ist, daneben Gerb- und Bitterstoffe und antibiotisch wirkende Substanzen.

Sie können die ganze Pflanze von Juni bis Oktober ernten, am besten bei Sonnenschein, wenn sie voll aufgeblüht ist. Verwendet werden Blätter, Stiel und Blüten. Bei der Ernte müssen Sie aufpassen, dass Sie die Wurzeln nicht mit ausreißen. Das passiert leicht, denn die Pflanze ist zum Pflücken zu zäh. Bewaffnen Sie sich also mit einer Schere oder mit einem scharfen Messer.

Frischer Feld-Thymian lässt sich vielseitig verwenden. Er passt als Gewürz zu Schweinebraten, Kartoffelsuppe, Soßen, Eintöpfen und Pizza. Allerdings brauchen Sie vom Feld-Thymian etwa die doppelte Menge wie vom Garten-Thymian, können ihn aber auch besser dosieren. In Essig oder Öl eingelegt konserviert lässt sich das Thymian-Aroma über die Erntezeit hinaus konservieren.

Natürlich wird er getrocknet, um ihn auch im Winter als schmackhaftes Gewürz und Heilkraut parat zu haben. Thymian trocknet man in Sträußen, von denen man im Winter nach Bedarf die entsprechende Portion Blätter und Blüten abstreift. Zu Braten und Eintöpfen kann man ganze Zweige legen.

Als Heilkraut hat Thymian eine starke Wirkung. Vor allem die antibiotischen Wirkstoffe helfen in Grippezeiten.

Feld-Thymian

Täglich zwei bis drei Tassen Thymian-Tee (zwei Esslöffel Thymian auf eine Tasse Wasser) beugen Erkältungskrankheiten vor, heilen aber auch. Das Thymol wirkt antiseptisch, hilft also gut bei Husten, aber auch bei Magen-Darm-Beschwerden. Bei Menstruationsbeschwerden wirkt der Heiltee krampflösend und schmerzstillend.

Tipp

Bereiten Sie gegen Ohrenschmerzen kleine Kräutersäckchen. Diese werden trocken erwärmt und auf die schmerzenden Ohren gelegt.

Wer schlecht einschlafen kann, dem hilft ein nervenstärkendes, beruhigendes Thymian-Bad. Dafür kochen Sie eine große Hand voll Thymian (oder ein getrocknetes Sträußchen) langsam in 2 Liter Wasser auf, lassen 5 Minuten ziehen und sieben den Extrakt direkt in das Badewasser. Auch Keuchhustenkinder und Patienten mit starker Bronchitis sollten ein Thymianbad nehmen. Gegen unreine Haut, Pickel und Mitesser hilft ein Thymian-Tonikum. Dafür setzen Sie 200 ml 45-prozentigen Alkohol mit einem Esslöffel Weidenrinde und je einem Teelöffel Thymian, Beinwell und Rosmarin an und lassen die Mischung zehn Tage durchziehen. Danach wird die

Vogelmiere

Tinktur abgefiltert und zweimal täglich auf die unreine Haut getupft.

Vogelmiere
Stellaria media

Die Vogelmiere heißt auch Sternmiere, Hühnerdarm, Meierich und Gänsegras. Sie wächst überall. Vor allem Hobbygärtner verzweifeln an der Vogelmiere, weil man sie im Garten nicht los wird. Man kann sie ausjäten, aushacken oder untergraben, sie kommt immer wieder – und zwar üppig und zu jeder Jahreszeit, sogar im Winter. Vogelmiere im Garten zeigt allerdings an, dass der Boden gut ist.

Anstatt sie auf den Kompost zu werfen, wo sie ohnehin wieder aussamt, sollten Sie die Vogelmiere hin und wieder in den Kochtopf stecken.

Die Wirkstoffe der Vogelmiere sind bisher noch nicht genau erforscht. Aber immerhin weiß man, dass die Pflanze Kieselsäure, Kalium und Minerale enthält.

Durch ihren eigenartig nussigen Geschmack lässt sich das lästige Unkraut, das nicht nur im Garten, sondern auch auf Wiesen, Äckern, Waldlichtungen und an Wegrändern wächst, gut mit anderen Wildkräutern als Salat oder Gemüse kombnieren. Doch auch allein können Sie die Vogelmiere verwenden.

Ob Sie Vogelmiere in einen Salat mischen oder sie zum Kochen verwenden, Sie müssen sie immer sorgsam mit einer Schere in kleine Stücke schneiden oder im Mixer zerkleinern. Die langen, kriechenden Stiele haben nämlich innen einen außerordentlich zähen „Faden", der unzerschnitten beim Essen stört.

Tee aus Vogelmiere wird in der Volksmedizin bei Rheumaleiden, Darm-, Blasen- und Gebärmutterkatarrh eingesetzt. Dafür kocht man einen Esslöffel der ganzen Pflanze mit Blüten und Blättern in einer Tasse Wasser auf und trinkt drei bis vier Tassen täglich.

Die Vogelmiere zu trocknen lohnt sich nicht, da man sie das ganze Jahr über frisch ernten kann.

Unsere Großeltern machten früher häufig bei leichten Verletzungen wie

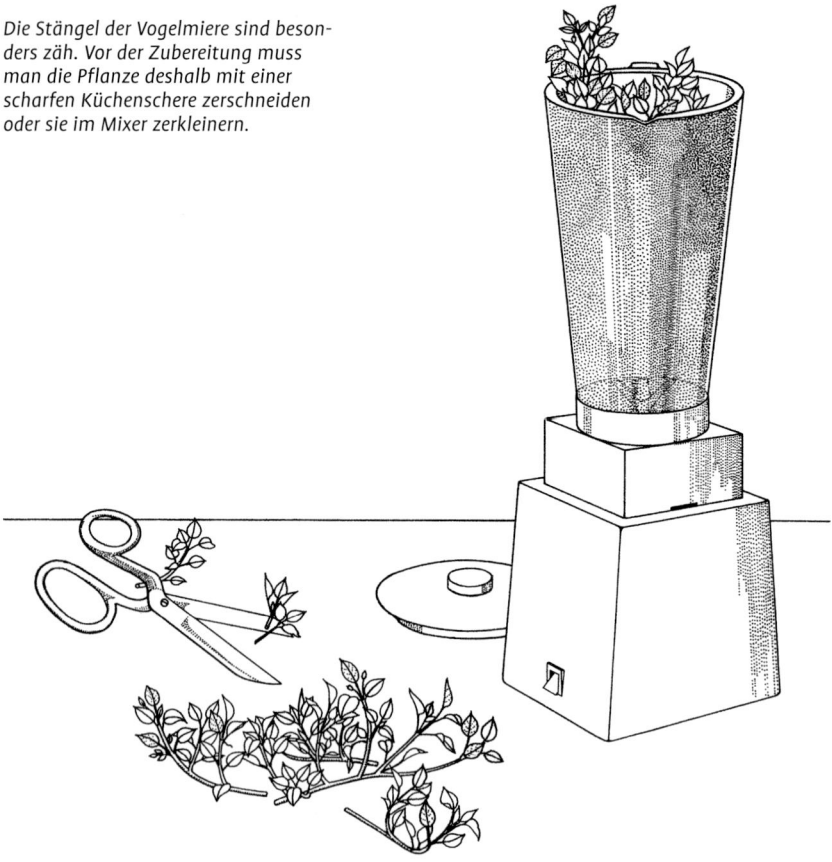

Die Stängel der Vogelmiere sind besonders zäh. Vor der Zubereitung muss man die Pflanze deshalb mit einer scharfen Küchenschere zerschneiden oder sie im Mixer zerkleinern.

Hautabschürfungen und Ausschlägen heilende Umschläge mit frisch zerdrückter Vogelmiere.

Suppe aus Vogelmiere

Die Pflanzen gründlich waschen und im Mixer zerkleinern. Aus Butter und Mehl eine helle Mehlschwitze bereiten und das Vogelmierenpüree einrühren. Dann so viel Fleisch- oder Hühnerbrühe auffüllen, bis die Suppe die gewünschte Konsistenz hat. Für eine sättigende Hauptmahlzeit noch zwei bis drei zerstampfte Kartoffeln hineinrühren. Die Suppe etwa 15 Minuten langsam köcheln lassen. Zuletzt mit Salz, Dill, Petersilie und, wenn verfügbar, klein geschnittenem Bärlauch würzen. Die Suppe mit gerösteten Brotstückchen und ausgelassenen Speckwürfeln servieren.

Gemüse aus Vogelmiere

Die Vogelmiere am besten mit anderen Wildpflanzen – etwa Löwenzahn, Spitzwegerich und etwas Sauerampfer – mischen. Die Wildgemüse fein zerschneiden und dieselbe Menge Vogelmiere im Mixer zerkleinern. Alles zusammen kurz in Butter andünsten und etwa 10 Minuten auf kleiner Flamme köcheln lassen. Inzwischen eine Scheibe Weißbrot mit Milch aufkochen und durch ein grobes Sieb in das Gemüse drücken. Das Gemüse zuletzt mit Salz und Muskatnuss würzen, auch etwas Knoblauch passt gut dazu.

Vogelmiere-Kuchen

Aus Vogelmiere können Sie auch einen Kuchen backen. Dafür 500 ml sehr fein zerschnittene und in etwas Wasser gekochte Vogelmiere mit 150 g Mehl zu einem dickflüssigen Teig vermischen.

Ist er zu dünn, noch etwas Mehl zufügen. Dann 3 Esslöffel braunen Zucker und ein halbes Päckchen Backpulver unter den Teig rühren. Den Teig in eine gefettete Kuchenform füllen und im vorgeheizten Backofen 1 Stunde bei 200 °C backen.

Walderdbeere
Fragaria vesca

Die Walderdbeere wächst, trotz ihres Namens, nicht direkt im Wald – zumindest nicht unter den Waldbäumen. Sie braucht nämlich viel Sonne. Man findet sie auf kurzgrasigen Lichtungen, an Waldwegen und oft in Waldnähe auf Viehweiden. Die Pflanze ist unscheinbar, die Beeren klein und oft unter den Blättern versteckt. Sie müssen also schon gründlich suchen. Aber die Suche lohnt sich. Manchmal gelingt es auch, Walderdbeeren im eigenen Garten anzusiedeln. Wichtig ist dabei das richtige Bodenklima. Auf fetten, gut gedüngten Gemüsebeeten gedeiht die Walderdbeere nicht.

Walderdbeeren schmecken unvergleichlich besser als Gartenerdbeeren und besitzen eine hohe Heilkraft. Man verwendet die Beeren und auch die Blätter. Die Früchte enthalten Fruchtsäuren, Enzyme, Fermente, Farbstoffe, Vitamine sowie natürlichen Zucker, die Blätter ätherisches Öl und Gerbstoffe.

Die Blätter der Walderdbeere findet man schon im April, die Beeren reifen von Mai bis Juli. Leider gibt es heute nicht mehr so viele Walderdbeeren, dass man sie in großen Mengen sammeln und zubereiten kann. Sie zu konservieren wäre ohnehin schade, denn sie

Walderdbeere

Aus Erdbeerblättern kocht man einen wirksamen Tee gegen Husten und Leibschmerzen. Gemischt mit Brombeer- und Himbeerblättern verwendeten unsere Großeltern die Blätter der Walderdbeere (keinesfalls die der Gartenerdbeere!) für einen Haustee, den die ganze Familie den Winter über trank. Er schmeckt gut, ist preiswert und beugt allerlei Erkrankungen vor.

Beim Trocknen der zarten, hellgrünen Erdbeerblättchen müssen Sie aufpassen, denn zu viel Wärme zerstört die Inhaltsstoffe. Also trocknen Sie diese besser an einem warmen Platz als im Backofen. Zum Fermentieren eignen sich die Erdbeerblätter nicht so gut wie Himbeer- und Brombeerblätter.

Schwarzwälder Erdbeerspeise

500 g Walderdbeeren mit 80 g Zucker und zwei Gläschen Himbeergeist ziehen lassen. In der Zwischenzeit 3 Esslöffel Speisestärke mit etwas Milch glatt rühren. 500 ml Milch erhitzen und die Speisestärke sowie 50 g Zucker einrühren. Kurz aufkochen lassen. Die Milch vom Herd nehmen und etwas abkühlen lassen. Dann drei Eigelb unterziehen. Die drei Eiweiß zu steifem Schnee schlagen

schmecken am besten frisch gepflückt. Beim Einfrieren und Einkochen verlieren sie ihr feines Aroma.

Haben Sie eine Stelle entdeckt, wo es so viele Walderdbeeren gibt, dass Sie eine größere Portion mit nach Hause nehmen können, servieren Sie diese am besten mit Schlagsahne und etwas Zucker oder bereiten eine feine Nachspeise daraus.

und ebenfalls unter die Creme heben. Jetzt behutsam die „betrunkenen Erdbeeren" untermischen und die Erdbeerspeise in eine Glasschale füllen. Vor dem Servieren mit Schokoladenraspeln garnieren.

Erdbeersorbet von frischen Walderdbeeren

250 g Erdbeeren pürieren und kalt stellen. 125 ml Wasser mit 50 g Zucker und etwas Zitronensaft 5 Minuten kochen, dann ebenfalls kalt stellen. Nach dem Abkühlen Zuckerwasser und Fruchtpüree mischen und ins Tiefkühlfach des Kühlschranks oder in die Gefriertruhe stellen. Die Mischung etwa 3 Stunden gefrieren lassen. Das gefrorene Mus 20 Minuten vor dem Servieren in eine Schüssel geben, mit dem Messer zerteilen und mit dem elektrischen Rührgerät schaumig rühren. Das Sorbet in Sektschalen füllen und mit Sekt aufgefüllt servieren. Dieses Sorbet wird sicher der Höhepunkt eines Festmahls.
Die schnelle Variante: Erdbeeren tiefkühlen. Die gefrorenen Beeren mit etwas Zucker und einem Becher Jogurt in den Mixer geben und verrühren. Einfach und lecker!

Wegerich
Plantago lanceolata und Plantago major

Den Spitzwegerich, auch Aderblatt, Rippenkraut oder Siebenrippe genannt, findet man auf ungedüngten Wiesen und Weiden, an Wegrändern und auf Ödland. Er wächst sogar durch den Asphalt der Straße. Im Garten ist er uns als Unkraut wohl bekannt.

Breitwegerich dagegen trifft man weniger auf Wiesen an, sondern eher auf aufgelassenem Ackerland, an Wegrändern, im Trockenrasen und ebenfalls als Unkraut im Garten. Der Volksmund nennt ihm auch Heudieb, Wegbreit, Schafszunge oder Sauohr.

Der Wegerich enthält Bitterstoffe sowie Labenzym, ätherisches Öl, Aucubin und Kaliumsalze. Außerdem besitzen die Blätter Bakterien vernichtende Wirkstoffe.

Breitwegerich schmeckt noch bitterer als Spitzwegerich. Verwenden Sie also nur ganz junge Blättchen, und diese recht sparsam. Wenn die Blätter größer geworden sind, lassen sich die Blattrippen ohnehin kaum noch entfernen, sie sind zäh wie Seidenschnüre. Breitwegerich und Spitzwegerich können Sie gut in alle Gemüse- und Salatmischungen

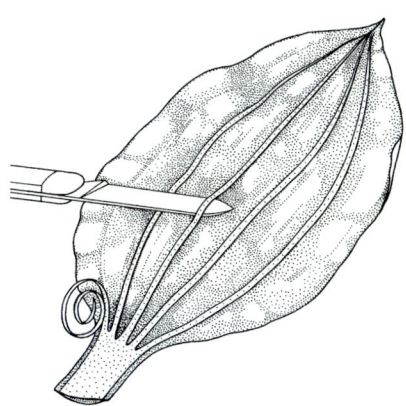

Die Blattadern des Spitz- und Breitwegerichs sind vor allem bei älteren Pflanzen sehr zäh. Man schneidet sie mit einem scharfen Küchenmesser flach vom Blatt ab, bevor man es zu Gemüse oder Salat weiterverarbeitet.

Spitzwegerich

geben. Fein geschnitten schmeckt er auch in Quark, besonders dann, wenn Sie ebenso viel Breitwegerich wie Bärlauch verwenden. Der bittere Geschmack wirkt pikant, wenn Sie ihn nicht zu reichlich verwenden.

Spitzwegerichblätter erntet man, bevor die harten Stängel der Blüten herauskommen. Die ersten Blättchen findet man oft schon Anfang April. Da Spitzwegerichblätter ziemlich bitter schmecken, verwendet man sie besser nicht alleine für Gemüse und Salat, sondern als Beimischung zu Wildpflanzengemüse oder auch zu geschmacklich langweiligen Gartengemüsen und -salaten. Die Bitterstoffe des Spitzwegerichs machen viele schwere Gerichte leichter verdaulich. Sind die Blätter schon größer, müssen Sie die Blattrippen an der Unterseite mit einem Messer abziehen, denn diese sind recht zäh. Die langen Blätter werden immer klein geschnitten. Bereiten Sie Spitzwegerich als Gemüse zu, mildern Milch oder Sahne seinen bitteren Geschmack.

Tee aus frischem oder getrocknetem Spitzwegerich trinkt man vor allem gegen Husten und Bronchitis. Er wirkt sogar mildernd bei Keuchhustenanfällen. Doch auch bei Magen- und Darmerkrankungen wirkt ein Aufguss aus Spitzwegerich heilsam, vor allem wegen der darin enthaltenen Bitterstoffe. Früher verabreichte man Jugendlichen mit Akneproblemen regelmäßig Spitzwegerichtee gegen die Hautunreinheiten. Tatsächlich wirkt Spitzwegerich blutreinigend, da er den ganzen Stoffwechsel in Schwung bringt. Bekanntlich bewirken ja alle blutreinigenden Mittel bei unreiner Haut oft wahre Wunder.

Breitwegerich können Sie bei denselben Erkrankungen anwenden. Er wirkt sogar noch stärker schleimlösend, wird also vor allem bei Erkältungen eingesetzt, die mit einer starken Verschleimung der Atemwege einhergehen.

Ein gemischter Tee aus Spitz- und Breitwegerich ist immer dann angezeigt, wenn ein Husten sich nicht lösen will. Die Herstellung von Hustensirup aus Huflattich und Wegerich ist auf Seite 38 beschrieben.

Wegerich-Quark
Zu neuen Kartoffeln schmeckt im Frühjahr Wegerich-Quark. Dafür eine Hand voll fein geschnittener Wegerichblätter und eine zerdrückte Knoblauchzehe unter 250 g Quark mischen.

Frühlingssalat
Sauber gewaschene Blätter von Spitzwegerich, Löwenzahn, Schafgarbe, Bärlauch, Gänseblümchen und Brennnessel grob schneiden. Aus 2 Esslöffel Apfel- oder Blütenessig, 1 Esslöffel Olivenöl, 2 Esslöffel Sahne, Salz und etwas Zucker eine Marinade bereiten und unter den Frühlingssalat mischen.

Breitwegerich

Grüne Schuhsohlen

Dafür eignen sich Blätter von Spitzwegerich, Gundermann, Löwenzahn, Thymian und Dost oder andere Wildkräuter. 500 g gekochte Kartoffeln durch die Kartoffelpresse drücken. Die Wildkräuter fein hacken. Anschließend Kartoffelschnee, Kräuter, ein Ei, etwas Mehl und Salz zu einem festen Teig verkneten. Aus dem Teig flache „Schuhsohlen" formen. Die Fladen auf ein gefettetes Backblech setzen und mit Pilzen oder mit Streifen von rohem Schinken belegen. Im vorgeheizten Backofen bei 200 °C knusprig braun backen.

Tipp

Frischer Spitzwegerich heilt schnell kleine Verletzungen. Haben Sie sich zum Beispiel beim Wandern eine Blase gelaufen, zerreiben Sie einige Spitzwegerichblätter zwischen den Fingern, legen sie auf die Blase, verbinden diese und wandern weiter. Spätestens am nächsten Morgen ist die Blase verschwunden.

Wegwarte
Cichorium intybus

Die Wegwarte – so geht die Sage – soll eine verzauberte Prinzessin sein, die so lange am Wege auf ihren Liebsten wartete, bis eine Fee sie in jene leuchtend blaue Blume verwandelte, die man heute überall an Straßen, Wegen, Feldrändern oder auf Schuttplätzen findet. Tatsächlich aber ist sie die erste europäische „Kaffeepflanze". Deshalb heißt sie auch wilde Zichorie. Andere volkstümliche Namen sind Verfluchte Jungfer, was wohl auf die alte Sage zurückgeht, Sonnenkraut, Wegleuchte und Wegwächter. Die Inhaltsstoffe der Wegwarte finden sich hauptsächlich in der Wurzel. Sie enthält Inulin, Bitterstoffe, Aminosäuren, Gerbsäure und Kali.

Rechte Seite: Wegwarte

Unten: Aus den Wurzeln des Löwenzahns und der Wegwarte bereitet man Ersatzkaffee. Die Wurzeln werden gewaschen und klein geschnitten in einer Eisenpfanne ohne Fett braun geröstet und dann in der Kaffeemühle gemahlen.

Früher wurde die Wegwarte auf Feldern angepflanzt und kultiviert, damit die Wurzeln besonders groß und kräftig wurden. Aus diesen Wurzeln stellte man schon im 17. Jahrhundert Zichorienkaffee her.

Die Wegwarte blüht von Mitte Juni bis zum ersten Frost. In dieser Zeit kann man die Wurzeln auch ausgraben. Den bekömmlichen Zichorienkaffee können Sie sehr leicht selbst herstellen. Dafür wird die Wurzel sauber gewaschen, mit einem Messer abgeschabt und in kleine Stücke geschnitten. Diese Wurzelstücke rösten Sie in einer Eisenpfanne ohne Fett schön braun. Nach dem Abkühlen mahlen Sie diese in der Handkaffeemühle. Reiner Zichorienkaffee entspricht nicht mehr dem heutigen Geschmack. Eine Prise davon gibt dem gemahlenen Bohnenkaffee jedoch einen sehr aromatischen und würzigen Kaffeegeschmack.

Wollen Sie die Wurzel für Tee verwenden, reinigen und zerteilen Sie sie ebenso wie für Kaffee, dörren sie dann aber an einem trockenen Platz oder im Backofen. Der Wurzeltee muss mindestens 15 Minuten kochen, bevor man ihn trinkt. Dieser Tee wirkt anregend auf Magen und Darm, auf Leber, Gallenblase und Nieren. Der ganze Stoffwechsel wird kräftig in Schwung gebracht, mit sehr erfreulichen „Nebenwirkungen". Trinken Sie allerdings nicht mehr als zwei Tassen Tee täglich vor dem Essen, da der Tee auch leicht abführend wirkt. Frischer Wurzelsaft esslöffelweise in Wasser oder Milch eingenommen, hat eine stark blutreinigende Wirkung.

Aus den jungen Blättern der Wegwarte können Sie einen etwas bitteren aber pikanten Salat zubereiten. Schließlich ist die Pflanze auch der Vorfahre unseres heutigen Chicorée.

Wiesenschaumkraut
Cardamine pratensis

Die liebliche Pflanze mit den hell-lila oder weißen Blüten heißt im Volksmund auch Regenblume, Himmelfahrtsblume, Käseblume und Kälberschwanz. Wenn sie im April und Mai für wenige Tage blüht, erscheinen Wiesen und Bachränder wie mit einem hellen Blütenschaum bedeckt – daher auch ihr Name. Kinder pflücken begeistert ganze Sträuße davon und sind dann enttäuscht, wenn sie schon nach einem Tag die Blütenblätter abwerfen.

Weniger enttäuscht sind jedoch Hobbyköche, die das Vitamin-C-haltige Wiesenschaumkraut anstelle von Kresse verwenden. Es schmeckt ähnlich, nicht ganz so scharf, aber aromatischer. Während der Blütezeit sammelt man Blüten und Blätter. Vor der Blüte können Sie auch die jungen Blättchen sammeln, aber die finden im dichten Gras nur Kenner.

Zur Info

Wiesenschaumkraut eignet sich hervorragend als Zutat für alle Frühlings- und Wildkräutersalate. Allerdings sollten Sie dann auf Sauerampfer verzichten, denn er erschlägt die zarte Schärfe des Wiesenschaumkrauts.

Quark mit Wiesenschaumkraut
250 g Quark mit etwas Milch glatt rühren. Mit einer fein geschnittenen kleinen Zwiebel, Salz und einem Strauß

fein gehackter Blätter und Blüten vom Wiesenschaumkraut würzen. Dieser Quark schmeckt hervorragend zu Pellkartoffeln.

Soße aus Wiesenschaumkraut

Aus etwas Butter und Mehl eine helle Einbrenne bereiten. 125 ml Sahne einrühren und kurz aufkochen lassen. Die Soße vom Herd nehmen. Blüten und Blätter vom Wiesenschaumkraut sehr fein wiegen und in die Soße geben. Zum Schluss heiße Instantbrühe oder Fischsud bis zur gewünschten Konsistenz der Soße aufgießen. Diese Soße passt zu Fisch und Eiergerichten.

Kartoffelklöße

Sechs gekochte Kartoffeln zerstampfen. Es werden gekochte Kartoffeln verwendet, denn rohe Kartoffeln müssen zu lange kochen, dabei geht der Geschmack des Wiesenschaumkrautes verloren. Ein dickes Sträußchen Wiesenschaumkraut fein wiegen und zur Kartoffelmasse geben. Ein Ei und etwas Mehl zufügen und einen festen Kloßteig rühren. Aus dem Teig Klöße formen und in Salzwasser garen.

Wiesenschaumkraut

Die Klöße bekommen durch das Wiesenschaumkraut einen pikanten Geschmack. Mit Salat werden diese Klöße zu einer vollen Mahlzeit.

Inhaltsstoffe der Wildpflanzen

Alle Pflanzen, also auch die Wildpflanzen, haben bestimmte Inhaltsstoffe, die sie für uns Menschen giftig oder heilsam, unangenehm oder angenehm schmeckend machen.

Im Rahmen dieses Buches kann nicht auf alle einzelnen, zum Teil sogar in ihrer Herkunft oder Wirkung noch unerforschten Inhalts- und Wirkstoffe detailliert eingegangen werden. Die wichtigsten Substanzen sollen hier im Folgenden jedoch genannt und kurz erklärt werden.

Ätherisches Öl

Ätherische Öle kommen in vielen Pflanzen vor, teils in den Blüten, teils in den Blättern und Stängeln.

Ätherische Öle sind flüchtig, sie gehen bei starkem Erwärmen verloren. Aus diesem Grund gibt man zum Beispiel Gewürze, die ätherische Öle enthalten, erst ganz kurz vor dem Anrichten in die Speisen.

Die Wirkungsweise der ätherischen Öle ist sehr unterschiedlich. Alle wirken antibakteriell, viele reizen die Haut, andere wirken betäubend.

Einige ätherische Öle beeinflussen das vegetative Nervensystem günstig, andere wirken heilsam auf den Magen-Darm-Trakt, wieder andere heilen Husten und andere Bronchialerkrankungen.

Bitterstoffe

Die Bezeichnung Bitterstoffe ist nur ein Oberbegriff für verschiedene chemisch nicht miteinander verwandte Verbindungen, denen lediglich der bittere Geschmack gemeinsam ist. Bitterstoffe wirken über die Geschmacksnerven im Mund und die Speicheldrüsen, die sie anregen. Sie regen aber auch die Drüsen im Verdauungstrakt an, deshalb wirken Bitterstoffe in aller Regel appetit- und verdauungsfördernd.

Flavonoide

Flavonoide leiten sich chemisch gesehen von den Phenolen ab. Sie wirken hauptsächlich durchblutungsfördernd, schweiß- und harntreibend. Bestimmte Flavonoide wirken auch gegen Leberleiden, Magengeschwüre und andere Entzündungen.

Gerbstoffe

Gerbstoffe kommen in sehr vielen Pflanzen vor. Sie wirken äußerlich, indem sie die Haut widerstandsfähig machen gegen Erkrankungen. Innerlich wirken Gerbstoffe gegen Durchfälle, aber auch reizmildernd und heilungsfördernd. Sie sollten niemals über einen längeren Zeitraum eingenommen werden.

Saponin

Saponin gehört zu den Glykosiden. Es reizt die Schleimhäute und wirkt dadurch hustenlösend.

Saponin steigert aber auch die Ausscheidungen von allen Körperdrüsen, wie beispielsweise der Leber und Nieren, und wirkt deshalb blutreinigend.

Schleimstoffe

Viele Pflanzen enthalten Schleimstoffe. Diese schützen die Schleimhäute der oberen Luftwege und des Magen-Darm-Traktes. Werden sie als Tee eingenommen, darf dieser nicht abgekocht werden, sondern muss unbedingt kalt angesetzt werden.

Vitamine

Vitamine sind in vielen Pflanzen enthalten. Sie stecken in den Früchten, in den Blättern und in den Sprossen, manchmal sogar in den Wurzeln. Der menschliche Organismus braucht Vitamine, dringend sogar. Gerade in Wildpflanzen sind diese Vitamine in weit höherer Konzentration enthalten als in den Kulturpflanzen.

Vitamin A wirkt sich positiv auf die Haut, die Schleimhäute, die Schilddrüse und die Leber aus. Unreine Haut kann durch Vitamin-A-Gaben günstig beeinflusst werden. Auch die Leber wird durch Vitamin A geschützt, zu starke Schilddrüsenfunktion wird gehemmt.

Die Vitamine des B-Komplexes gehören zu den wichtigsten überhaupt. Vitamin B 1 wirkt günstig auf den Nervenstoffwechsel und ist auch am Eiweiß-Fettstoffwechsel beteiligt. Vitamin B 2

fördert während der Entwicklung das Wachstum und die Gewichtszunahme und ist heilsam bei Sehstörungen. Vitamin B 12 ist eines der wichtigsten B-Vitamine. Es ist zur normalen Blutbildung und zur normalen Funktion des Nervenstoffwechsels notwendig und ermöglicht dem Körper die volle Ausnutzung der Eiweißkörper. Es wird vor allem bei Blutarmut und Schwächezuständen nach Operationen und Infektionskrankheiten verordnet. Vitamin H (Biotin) sorgt vor allem für eine glatte, gut durchblutete Haut und reguliert den Choleringehalt des Blutes. Vitamin P (Rutin) setzt die Durchlässigkeit der Kapillaren – der kleinen Blutgefäße – herab, verhindert also Gefäßblutungen. Außerdem unterstützt es die Wirkung des Vitamin C.

Vitamin C ist für einen normalen und gesunden Stoffwechsel notwendig, wird aber vom menschlichen Körper nicht selbst produziert. Also muss es ihm von außen zugeführt werden. Gerade Wildpflanzen enthalten große Mengen davon, mehr noch als Zitrusfrüchte. Vitamin C schützt vor Erkältungs- und Infektionskrankheiten. Es baut aber auch bei Schwächezuständen wieder auf, hilft bei der Erneuerung des Knochenmarkes und bei der Blutbildung. Vitamin C beschleunigt die Abheilung von Entzündungen und beeinflusst günstig die Neubildung von Knorpeln und Knochen. Sogar Keuchhusten kann durch Gaben von Vitamin C gemildert werden. Auch die Wirkung von Giften wird herabgesetzt.

Vitamin E schließlich ist das Fruchtbarkeitsvitamin, das auch auf das Bindegewebe und den Muskelstoffwechsel eine regenerierende Wirkung hat.

Verwendungsbereiche der Wildpflanzen

	Salate	Beigabe, Gewürz	Gemüse	Essig + Öl	Wein	Likör	Tee	Saft	Gelee	Marmelade	Sirup	Heilmittel	Farbstoff	Besondere weitere Verwendung
Ackerkratzdistel			X											
Ackerschachtelhalm												X		Pflanzenschutz
Bärlauch	X	X	X	X								X		
Beinwell			X									X		Düngung
Birke	X						X					X	X	
Brennnessel	X	X	X				X					X	X	Düngung, Pflanzenschutz
Brombeere		X			X	X	X	X	X	X	X	X	X	
Brunnenkresse	X	X										X		
Dost		X		X								X		
Eberesche					X	X			X	X	X	X		
Tanne, Fichte						X					X	X		
Gänseblümchen	X	X	X				X					X		
Giersch	X	X	X				X					X		
Gundelrebe		X					X					X		Badezusatz
Heckenrose						X								
Hagebutte					X	X	X			X		X		Kandierte H., Konfekt
Haselnuss						X				X			X	
Heidelbeere					X	X	X	X		X		X		
Himbeere				X	X	X	X	X	X	X	X	X	X	
Hirtentäschel												X		
Holunder		X			X	X			X	X	X	X		Holundersekt

	Salate	Beigabe, Gewürz	Gemüse	Essig + Öl	Wein	Likör	Tee	Saft	Gelee	Marmelade	Sirup	Heilmittel	Farbstoff	Besondere weitere Verwendung
Huflattich		X	X								X	X		
Johanniskraut				X			X					X	X	
Kamille							X					X	X	
Linde		X					X					X		
Löwenzahn	X		X				X		X		X	X		
Malve	X		X				X					X		
Pfefferminze		X		X		X	X		X			X		
Rotklee	X		X				X							
Sauerampfer	X	X	X										X	
Sauerklee			X											
Schafgarbe	X	X	X				X					X	X	
Schlehe				X	X	X				X		X		
Schlüssel-blume	X	X		X								X		
Steinklee														Mottenmittel
Taubnessel	X		X									X		
Thymian		X		X			X					X		
Vogelmiere	X	X	X											
Walderdbeere						X	X	X				X		
Wegerich	X	X					X				X	X		
Wegwarte	X						X							Zichorienkaffee
Wiesen-schaumkraut	X	X												
Roter Holunder												X		Husten-marmelade

Erntekalender

Dieser Erntekalender kann nur Richtwerte angeben, denn selbstverständlich ist die Vegetation in verschiedenen Landstrichen nicht gleich. Bis zu sechs Wochen Unterschied können beispielsweise zwischen der Ernte in einem warmen Weinbauklima und einer Gebirgsregion auftreten. Wie schon gesagt: Die Natur ist kein Supermarkt, in dem es immer alles gibt. In diesem Erntekalender ist jeweils der frühestmögliche Erntetermin angegeben. Wenn also die erste Ernte des Löwenzahns in der Tabelle Mitte Februar eingetragen ist, so gilt das für eine warme Gegend und einen milden Winter. Dasselbe gilt zum Beispiel für die Heidelbeeren, die laut Kalender im August reif sind. Nach langen Wintern, in höheren Lagen oder absonnigen Plätzen kann Löwenzahn auch erst im April, können Heidelbeeren erst im September erntereif werden. Jeder, der in der Natur ernten möchte, ist also auf seine eigenen Beobachtungen draußen angewiesen.

Pflanze	Januar	Februar	März	April	Mai	Juni	Juli	August	Sept.	Okt.	Nov.	Dez.
Ackerkratz-distel					Spros-sen	Blüte						
Acker-schachtelhalm			Spros-sen				ganze Pflanze					
Bärlauch			Blätter									
Beinwell				Spros-sen	Blätter	Wurzeln						
Birke				Blätter								
Breitwegerich				Blätter								

Pflanze	Januar	Februar	März	April	Mai	Juni	Juli	August	Sept.	Okt.	Nov.	Dez.
Brennnessel			Triebe		ganze Pflanze		Triebe					
Brombeere					Blätter				Beeren Blätter			
Brunnenkresse			ganze Pflanze									
Dost							ganze Pflanze					
Eberesche										Beeren		
Erdbeere				Blätter	Beeren							
Fichte			Triebe									
Gänse-blümchen			Blüten + Blätter	Blätter								
Giersch				Blätter								
Hagebutte					Blüte				Früchte			
Haselnuss									Früchte			
Heidelbeere							Beeren					
Himbeere				Blätter		Beeren						
Hirtentäschel			ganze Pflanze									
Holunder rot								Beeren				
Holunder schwarz					Blüte			Beeren				
Huflattich			Blüte	Blätter								
Johanniskraut						Blüten						

Erntekalender (Forts.)

Pflanze	Januar	Februar	März	April	Mai	Juni	Juli	August	Sept.	Okt.	Nov.	Dez.
Kamille					Blüte							
Linde					Blüte							
Löwenzahn		Blätter			Blüte							
Malve				Triebe	Blüte + Blätter							
Pfefferminze						ganze Pflanze						
Rotklee					Blüte							
Sauerampfer			Blätter									
Sauerklee				Blätter								
Spitzwegerich				Blätter								
Schafgarbe			Blätter			Blüten						
Schlehe				Blüte						Beeren		
Schlüsselblume				Blüten + Blätter								
Steinklee						Blüte						
Taubnessel					Blüte							
Thymian						ganze Pflanze						
Vogelmiere		ganze Pflanze										
Wegwarte						Blüte			Wurzel			
Wiesenschaumkraut				ganze Pflanze								

Literatur

Aichele, Dietmar: Was blüht denn da? Stuttgart, Kosmos 2005

Arrowsmith, Nancy: Herbarium Magicum – Das Buch der heilenden Kräuter. Herbologie, Heilkraft, Rezepte und Geschichten. Berlin, Allegria 2007

Bohne, Burkhard / Dietze, Peter: Taschenatlas Heilpflanzen. Stuttgart, Ulmer 2005

Bühring, Ursel: Alles über Heilpflanzen. Erkennen, anwenden, gesund bleiben. Stuttgart, Ulmer 2007

Dittus-Bär, Renate: Großmutters Kräuterapotheke. Stuttgart, Ulmer 2007

Dreyer, Eva-Maria: Wildkräuter und ihre giftigen Doppelgänger. Stuttgart, Kosmos 2007

Fleischhauer, Steffen Guido: Essbare Wildpflanzen. Baden/CH, AT-Verlag 2007

Fleischhauer, Steffen Guido: Enzyklopädie der essbaren Wildpflanzen. Baden/CH, AT-Verlag 2003

Gellermann, Martin / Schreiber, Matthias: Schutz wildlebender Tiere und Pflanzen in staatlichen Planungs- und Zulassungsverfahren. Leitfaden für die Praxis. Stuttgart, Springer 2000

Heiß, Erich: Wildgemüse und Wildfrüchte. Düsseldorf, Mehr Verlag Wissen 2007

Kluge, Heidelore: Die Kräuterheilkunde der Hildegard von Bingen. Stuttgart, Lüchow 2006

Renaud, Victor: Gemüse und Kräuter von A-Z. Stuttgart, Ulmer 2007

Samwald, Achim: Dörren. Früchte, Gemüse, Kräuter. Stuttgart, Ulmer 2007

Urbon, Barbara: Gesundes Wissen aus der Natur: Heilkräuter heute. Stuttgart, Haug 2007

Volk, Renate und Fridhelm: Kochen mit Kräutern. Stuttgart, Ulmer 2007

Sachregister

Impressum

**Bibliografische Information der
Deutschen Bibliothek**
Die Deutsche Bibliothek verzeichnet
diese Publikation in der Deutschen
Nationalbibliografie; detaillierte
bibliografische Daten sind im Internet
über http://dnb.ddb.de abrufbar.

© 2008 Verlag Eugen Ulmer GmbH & Co.
Wollgrasweg 41, 70599 Stuttgart (Hohen-
heim)
E-Mail: info@ulmer.de
Internet: www.ulmer.de
Umschlagentwurf: Bettina Bank,
Heidelberg
Lektorat: Petra Teetz, Ina Vetter,
Anke Ruf
Herstellung: Rebecca Barth
Druck und Bindung: Firmengruppe APPL,
aprinta druck, Wemding
Printed in Germany

ISBN: 978-3-8001-4662-8

Bildquellen

Wolfgang Redeleit, Bienenbüttel:
Seite 51, 95
Hans Reinhard, Heiligkreuzsteinach:
Seite 4, 7, 11, 33, 39, 45, 46, 52, 54, 55,
56, 58, 59, 61, 63, 65, 68, 69, 71 (3
links), 72, 73, 75, 77, 78, 81, 82, 83, 87,
88, 89, 90, 91, 93, 94, 96, 98 rechts, 100,
101 (3 rechts), 104, 109
Fridhelm Volk, Stuttgart: Seite 43
Max F. Wetterwald, CH-Basel: Seite 47,
48, 62, 64, 80, 85, 98 links, 106, 107, 111

Umschlagfotos:
Großes Foto: Digitalstock
Titel oben links, oben rechts, Rückseite
Mitte und rechts: Hans Reinhard, Heilig-
kreuzsteinach
Titel oben Mitte und Rückseite links:
Hans E. Laux, Biberach/Riß

Die Zeichnungen fertigte Claudia
Hosslin, Therwil (Schweiz).

Haftung:

Profundes Wissen

- Fundierte Anleitungen, wie man Krank-
  heitsbeschwerden natürlich behandelt.
- Die 71 wichtigsten Heilpflanzen.

Die **wichtigsten Heilpflanzen** und ihre
Anwendungen **bei Alltagsbeschwerden**
umfassend und verständlich erklärt mit
vielen praktischen Tipps.

Alles über Heilpflanzen.
Erkennen – anwenden – gesund bleiben.
Ursel Bühring. 2007. 361 S., 208 Farbf.,
71 Farbzeichn., 2 Tabellen, geb.
ISBN 978-3-8001-4979-7.

Ganz nah dran.

Foto: pixelio

Konkurrenzlos!

Klaus Hagmann

Blitz-Liköre

morgens zubereiten – abends genießen

Ulmer

- wertvolles Basiswissen und Hintergrundinfos
- die leckersten Likör-Rezepte
- mehr als 100 Farbfotos

Die etwas andere Methode, schonend und **innerhalb von wenigen Stunden** fruchtige und **hochwertige Liköre** selbst zu machen, erstmals in Buchform.

Blitz-Liköre.
Morgens zubereiten – abends genießen.
Klaus Hagmann. 2008. 128 S., 104 Farbf., kart.
ISBN 978-3-8001-5612-2.

Ganz nah dran.

Foto: pixelio

Ein Naturerlebnis!

Steinbachs
**Großer Tier- &
Pflanzenführer**

- über 1600 Arten und mehr als 2500 Farbabbildungen
- spannende Extra-Informationen zu den Pflanzen und Tieren

Steinbachs Großer Tier- und Pflanzenführer zeigt **die ganze Fülle der heimischen Flora und Fauna** und macht das Bestimmen kinderleicht.

Waldbau auf ökologischer Grundlage.
Heiko Bellmann, Helmut Grünert, Renate Grünert, Uwe Hartmann, Klaus Janke, Bruno P. Kremer, Anne Puchta, Klaus Richarz. 2006. 895 S., 2110 Farbf., 550 Zeichn., geb. ISBN 978-3-8001-4465-5.

Ganz nah dran.